软考名师论文特训丛书

软考论文高分特训与范文 10 篇
——系统规划与管理师（第二版）

主　编　薛大龙　刘　伟　刘开向

·北京·

内 容 提 要

本书是系统规划与管理师考试的论文专项集训用书，基于新颁大纲第 2 版编写。

本书围绕考生在备考论文过程中的典型痛点与难点，结合作者多年的系统规划与管理师课程培训经验，基于对历年论文题目及考点的系统分析及准确把握，把论文写作的基础、写作要求与策略、论文评判标准、优秀论文点评、完整论文范文等有机地组织起来，以期能够从降低论文写作难度和提高论文写作技巧两个维度齐头并进，快速提高考生的论文写作水平，提高论文考试通过率。

本书适合备考系统规划与管理师考试的考生阅读，也适合作为系统规划与管理师论文专项培训的教材使用，希望本书能给相关师生带来切实的帮助。

图书在版编目（CIP）数据

软考论文高分特训与范文 10 篇. 系统规划与管理师 / 薛大龙，刘伟，刘开向主编. -- 2 版. -- 北京：中国水利水电出版社，2025.7. -- ISBN 978-7-5226-3531-6

Ⅰ．TP3

中国国家版本馆 CIP 数据核字第 202559B2Z2 号

责任编辑：周春元　　加工编辑：王开云　　封面设计：李　佳

书　　名	软考名师论文特训丛书 软考论文高分特训与范文 10 篇——系统规划与管理师（第二版） RUANKAO LUNWEN GAOFEN TEXUN YU FANWEN 10 PIAN—XITONG GUIHUA YU GUANLISHI
作　　者	主　编　薛大龙　刘　伟　刘开向
出版发行	中国水利水电出版社 （北京市海淀区玉渊潭南路 1 号 D 座　100038） 网址：www.waterpub.com.cn E-mail：mchannel@263.net（答疑） 　　　　sales@mwr.gov.cn 电话：（010）68545888（营销中心）、82562819（组稿）
经　　售	北京科水图书销售有限公司 电话：（010）68545874、63202643 全国各地新华书店和相关出版物销售网点
排　　版	北京万水电子信息有限公司
印　　刷	三河市鑫金马印装有限公司
规　　格	184mm×240mm　16 开本　9.75 印张　234 千字
版　　次	2024 年 3 月第 1 版　2024 年 3 月第 1 次印刷 2025 年 7 月第 2 版　2025 年 7 月第 1 次印刷
印　　数	0001—3000 册
定　　价	48.00 元

凡购买我社图书，如有缺页、倒页、脱页的，本社营销中心负责调换

版权所有·侵权必究

软考名师论文特训丛书编委会

主　任　薛大龙
副主任　邹月平　施　游　刘　伟
委　员　朱小平　雷红艳　刘开向　王跃利
　　　　王　红　杨　进　胡　强　朱　宇
　　　　郑　波　胡晓萍　姜美荣　黄俊玲
　　　　赵德端　上官绪阳

前　言

系统规划与管理师考试是全国计算机技术与软件专业技术资格（水平）考试（简称"软考"）的高级资格考试，该考试总共包含三个科目，分别是综合知识、案例分析、论文。

由于本考试涉及的知识范围广、难度系数高，所以全国平均通过率一般不超过 10%。

虽然这三个科目的考试都不算太容易，但对于绝大多数考生来说，论文考试无疑是最困难的。哪怕是对于许多有实际工作经验的考生来说，不知道如何进行知识准备、不知道如何下笔写作、不知道如何组织写作思路、不知道论文的判分标准、难以找到完整真实的论文范文作为学习参考，也经常成为他们备考过程中的典型困惑。

具有超过 20 年软考培训及阅卷经验的金牌讲师薛大龙博士，组织多名软考领域的资深培训讲师，综合各个讲师的授课经验，基于系统的考点大数据分析，针对考生的上述困惑，精心设计与编写了本书。

本书基于新颁大纲第 2 版编写。第 1 章系统地讲述了论文写作所需的知识准备，解决考生面对不同论文题目时的知识需求。第 2 章讲解论文的写作要求及应对策略，其中给出了论文的判卷标准、通用写作框架，可以帮助考生高效地学会论文编写的通用性思路与方法。第 3 章由具有判卷经验的讲师结合自身的判卷经验，精心选择了 3 篇论文进行点评，以期读者能够从中更直接地感受论文写作的注意事项。第 4 章精心选择了 10 篇优秀、真实、完整的论文供读者参考，这 10 篇论文有针对性地覆盖了论文考试的范围。

本书由薛大龙、刘伟、刘开向担任主编，三位老师均为资深软考培训老师，具有丰富的软考培训与命题研究经验。

作者介绍

薛大龙，北京理工大学博士研究生，北京大学客座教授，多所大学特聘硕导，北京市评标专家，财政部政府采购评审专家。曾多次为全国计算机技术与软件专业技术资格（水平）考试提供技术支撑。

薛博士曾多次受邀给中共中央党校、国家农业部、国家税务总局等进行授课，截至目前共受邀给大型国企、上市公司等超过 1000 家企业进行内训，讲授公开课 600 多次，授课学员数超过 118 万人。

薛博士授课幽默风趣，善于利用"讲段子"的风格来讲解很专业的技术类知识点，同时针对重要考点会编写"速记词或口诀"以帮助学员对知识点的记忆。

刘伟，高级工程师，全国计算机技术与软件专业技术资格（水平）考试辅导用书编委会委员，财政部政府采购评审专家，山东省政府采购评审专家。软考资深讲师，信息系统项目管理师，系统规划与管理师，信息系统监理师，系统集成项目管理工程师。主持或参与大型信息化建设项目 10 余年，具有丰富的实践和管理经验。

多年致力于软考培训事业，曾多次受邀给大型国企、上市公司等企业进行内训，拥有丰富的直播及面授培训经验，授课语言精练、逻辑清晰、条理清楚、通俗易懂、突出重点，善于总结规律，研究命题方向，帮助考生快速理解知识要点，授课善于利用"顺口溜"将难点简单化，利用"实操案例"讲解将疑点清晰化，风趣幽默的风格，使学员的学习快乐化；《信息系统管理工程师考试 32 小时通关（适配第 2 版考纲）》主编、《网络工程师考试 32 小时通关（适配第 6 版考纲）》副主编、《信息系统监理师考试 32 小时通关（第二版）》副主编。

刘开向，高级工程师，系统规划与管理师，信息系统项目管理师，系统集成项目管理工程师、信息系统监理师。网校名师，从事信息管理相关工作，具有多年的信息化项目管理经验。对于系统规划与管理师、系统集成项目管理工程师等考试培训具有丰富的授课经验，擅长对考试进行分析和总结；《软考论文高分特训与范文 10 篇——信息系统项目管理师（第二版）》副主编，《信息系统项目管理师考试 32 小时通关（第二版）》副主编。

致谢

感谢中国水利水电出版社周春元编辑在本书的策划、写作大纲的确定、编辑出版等方面付出的辛勤劳动和智慧，以及他给予我们的很多支持与帮助。

本书适合谁

本书适合备考"系统规划与管理师"考试的考生阅读，考生可通过学习本书，掌握该科目论文的重点，熟悉论文形式及写论文的方法和技巧等。

由于编者水平有限，且本书涉及的内容很广，书中难免存在疏漏和不妥之处，诚恳地期望各位专家和读者不吝指正和帮助，对此，我们将十分感激。

关注大龙老师抖音，了解最新考试资讯！

编 者
2025 年 5 月于北京

目 录

前言

第1章 论文涉及的知识准备 ················ 1
1.1 论文考查范围梳理 ················ 1
1.2 信息系统规划论文重要知识点 ·········· 2
1.2.1 信息系统发展战略 ············ 2
1.2.2 信息系统规划工作 ············ 6
1.2.3 信息系统规划常用方法 ·········· 9
1.3 应用系统规划论文重要知识点 ·········· 10
1.3.1 应用系统规划设计基础架构 ······· 10
1.3.2 应用系统规划设计主要内容 ······· 12
1.3.3 应用系统规划设计主要过程 ······· 13
1.3.4 应用系统规划设计常用方法 ······· 18
1.3.5 软件工厂 ················ 19
1.4 云资源规划论文重要知识点 ············ 20
1.4.1 云资源规划的基本流程 ·········· 20
1.4.2 云计算架构 ··············· 21
1.4.3 计算资源规划 ·············· 23
1.4.4 存储资源规划 ·············· 23
1.4.5 云数据中心规划 ············· 24
1.5 网络环境规划论文重要知识点 ·········· 26
1.5.1 网络规划常见网络拓扑结构 ······· 26
1.5.2 广域网规划 ··············· 27
1.5.3 局域网架构 ··············· 28
1.5.4 无线网规划 ··············· 28
1.5.5 网络整体规划 ·············· 29
1.6 数据资源规划论文重要知识点 ·········· 30
1.6.1 数据资源规划的方法 ··········· 30
1.6.2 数据架构 ················ 33
1.6.3 数据标准化 ··············· 36
1.6.4 数据管理 ················ 37
1.7 信息安全规划论文重要知识点 ·········· 38
1.7.1 信息安全架构 ·············· 38
1.7.2 信息安全规划的主要内容 ········· 39
1.8 云原生技术规划论文重要知识点 ········· 42
1.8.1 架构定义 ················ 42
1.8.2 设计原则 ················ 43
1.8.3 架构模式 ················ 44
1.8.4 架构优势 ················ 45
1.8.5 云原生建设规划 ············· 45
1.9 信息系统治理论文重要知识点 ·········· 46
1.9.1 IT治理 ················· 46
1.9.2 IT审计 ················· 48
1.10 信息系统服务管理论文重要知识点 ······· 50
1.10.1 服务战略规划 ············· 50
1.10.2 服务设计实现 ············· 52
1.10.3 服务运营提升 ············· 54
1.10.4 服务退役终止 ············· 57
1.10.5 持续改进与监督 ············ 59
1.11 人员管理论文重要知识点 ············ 62
1.11.1 工作分析和岗位设计 ·········· 62
1.11.2 人力资源战略与计划 ·········· 63
1.11.3 人员招聘与录用 ············ 65
1.11.4 人员培训 ··············· 66
1.12 规范与过程管理论文重要知识点 ········ 70
1.12.1 管理标准化 ·············· 70
1.12.2 流程规划 ··············· 71
1.12.3 流程执行 ··············· 72

1.12.4　流程评价 ································· 73
　　1.12.5　流程持续改进 ························· 75
1.13　技术与研发管理论文重要知识点 ······ 75
　　1.13.1　技术研发管理 ························· 75
　　1.13.2　技术研发应用 ························· 77
　　1.13.3　知识产权管理 ························· 78
1.14　资源与工具管理论文重要知识点 ······ 79
　　1.14.1　研发与测试管理 ····················· 79
　　1.14.2　运维管理 ································ 81
　　1.14.3　项目管理工具 ························· 82
1.15　信息系统项目管理论文重要知识点 ··· 83
　　1.15.1　项目基本要素 ························· 83
　　1.15.2　项目经理的影响力范围 ··········· 88
　　1.15.3　项目经理的能力 ····················· 88
　　1.15.4　项目管理原则 ························· 89
　　1.15.5　项目生命周期和项目阶段 ······· 89
　　1.15.6　项目管理过程组 ····················· 90
　　1.15.7　项目管理知识领域 ·················· 90
　　1.15.8　项目绩效域 ····························· 91
　　1.15.9　价值交付系统 ························· 92
第 2 章　论文写作要求与应对策略 ············ 93
2.1　论文判卷评分标准 ······························ 93
2.2　得分要点 ··· 94
2.3　论文写作的一般要求 ··························· 95
　　2.3.1　格式要求 ···································· 95
　　2.3.2　项目摘要要求 ····························· 96
　　2.3.3　项目背景要求 ····························· 96
　　2.3.4　正文要求 ···································· 97
　　2.3.5　收尾要求 ···································· 97
2.4　论文写作策略与技巧 ··························· 98
　　2.4.1　论文写作策略 ····························· 98
　　2.4.2　论文写作技巧 ····························· 98
2.5　写作注意事项 ······································ 99
　　2.5.1　项目背景内容注意事项 ··············· 99

　　2.5.2　论文内容注意事项 ······················· 99
　　2.5.3　论文常见问题 ···························· 100
2.6　建议的论文写作步骤与方法 ·············· 100
　　2.6.1　通过讲故事来提炼素材 ············ 100
　　2.6.2　框架写作法 ······························· 101
第 3 章　优秀范文点评 ······························ 102
3.1　"论信息系统规划"范文及点评 ········ 102
　　3.1.1　论文题目 ·································· 102
　　3.1.2　范文及分段点评 ······················· 103
　　3.1.3　范文整体点评 ··························· 106
3.2　"论信息安全规划"范文及点评 ········ 107
　　3.2.1　论文题目 ·································· 107
　　3.2.2　范文及分段点评 ······················· 107
　　3.2.3　范文整体点评 ··························· 111
3.3　"论 IT 项目的人员管理"范文及点评·· 111
　　3.3.1　论文题目 ·································· 111
　　3.3.2　范文及分段点评 ······················· 112
　　3.3.3　范文整体点评 ··························· 115
第 4 章　优秀范文 10 篇 ···························· 116
4.1　应用系统规划论文实战 ······················ 116
　　4.1.1　论文题目 ·································· 116
　　4.1.2　精选范文 ·································· 117
4.2　云资源规划论文实战 ························· 119
　　4.2.1　论文题目 ·································· 119
　　4.2.2　精选范文 ·································· 119
4.3　网络环境规划论文实战 ······················ 122
　　4.3.1　论文题目 ·································· 122
　　4.3.2　精选范文 ·································· 122
4.4　数据资源规划论文实战 ······················ 125
　　4.4.1　论文题目 ·································· 125
　　4.4.2　精选范文 ·································· 126
4.5　云原生系统规划论文实战 ·················· 128
　　4.5.1　论文题目 ·································· 128
　　4.5.2　精选范文 ·································· 128

4.6　信息系统服务管理论文实战 ………… 131
　　4.6.1　论文题目 …………………………… 131
　　4.6.2　精选范文 …………………………… 132
4.7　规范与过程管理论文实战 ……………… 134
　　4.7.1　论文题目 …………………………… 134
　　4.7.2　精选范文 …………………………… 135
4.8　技术与研发管理论文实战 ……………… 137
　　4.8.1　论文题目 …………………………… 137
4.8.2　精选范文 ………………………………… 138
4.9　资源与工具管理论文实战 ……………… 141
　　4.9.1　论文题目 …………………………… 141
　　4.9.2　精选范文 …………………………… 141
4.10　信息系统项目管理论文实战…………… 144
　　4.10.1　论文题目 ………………………… 144
　　4.10.2　精选范文 ………………………… 144

第1章 论文涉及的知识准备

1.1 论文考查范围梳理

论文就是按照规定结合理论阐述自己在项目中如何进行项目规划与管理相关工作。近年的考试论文主要分为两种类型：一种是单论文；另一种是组合论文。单论文就是论述自己项目规划与管理工作中涉及的单个章节涵盖的知识点。组合论文就是论述自己项目规划与管理工作中涉及的多个章节涵盖的知识点。因此需要掌握论文相关的理论知识。

系统规划与管理师论文考查范围见表 1-1。

表 1-1 系统规划与管理师论文考查范围

序号	名称	主要内容概述
1	信息系统规划	信息系统规划主要内容、信息系统规划工作要点、信息系统规划常用方法
2	应用系统规划	生命周期选择、体系结构定义、接口定义、数据定义、构件定义、主要过程、常用方法、软件工厂
3	云资源规划	云计算架构、计算资源规划、存储资源规划、云数据中心规划
4	网络环境规划	网络架构和主要技术、广域网规划、局域网规划、无线网规划、网络整体规划的重点事项
5	数据资源规划	数据资源规划的定义与作用、数据架构、数据标准化、数据管理
6	信息安全规划	信息安全的定义、信息安全规划的原则、信息安全架构、信息安全规划的主要内容
7	云原生系统规划	云原生相关理论、云原生技术架构、云原生建设规划
8	信息系统治理	IT 治理、IT 审计

续表

序号	名称	主要内容概述
9	信息系统服务管理	服务战略规划、服务设计实现、服务运营提升、服务退役终止、持续改进与监督
10	人员管理	人力资源管理基础、工作分析与岗位设计、人力资源战略与计划、人员招聘与录用、人员培训、组织绩效与薪酬管理、人员职业规划与管理
11	规范与过程管理	管理标准化、流程规划、流程执行、流程评价、流程持续改进
12	技术与研发管理	技术研发管理、技术研发应用、知识产权管理
13	资源与工具管理	研发与测试管理、运维管理、项目管理工具
14	信息系统项目管理	项目基本要素、项目经理的角色、价值驱动的项目管理知识体系

1.2 信息系统规划论文重要知识点

1.2.1 信息系统发展战略

1. 发展战略与目标

信息系统发展战略包含组织数字能力建设方向、纲领、方针、政策、技术等方面的内容。

（1）基本趋势：发展战略需要组织全员获得一致性认识。

（2）指导思想、战略目标和基本方针：

1）指导思想是组织开展相关活动的核心指引，信息系统发展的指导思想需要覆盖国家战略、行业与领域要求、上级主管部门与主要负责人的思想与意见。

2）战略目标需要以时间为轴线，以阶段为区隔，对发展目标进行定性和定量的表达，并强调重点工作与活动，使其作为后续工作的关键依据。

3）基本方针是针对还未细化或还未明确的工作内容实施时的基本准则，需要以高度概括的语言、动宾结构清晰的排比等方式进行表达，方便记忆和传播，从而形成易于开展相关工作的思维习惯和工作习惯。

2. 发展路径与阶段

（1）发展路径：在选择发展路径时，需要遵循的基本原则包括：业务一致、能力主线、基础优先、稳态先行。

（2）发展阶段：

1）定义信息系统发展阶段的必要性主要体现：便于理解、响应目标、定义主旨、调整优化。

2）组织的信息系统发展阶段可以参考行业最佳实践，按照成熟度的模式进行。这些成熟度通常将组织的相关发展定义为打基础、提效率、做协同、强决策、构生态5个等级。

3. 系统总体框架

（1）以应用功能为主线的框架。直接采购成套且成熟的应用软件，并基于应用软件的运行需求建设相关的基础设施。该阶段重点关注的是组织职能的细化分工以及行业最佳实践的导入。

（2）以平台能力为主线的框架。该框架起源于云计算技术的发展和云服务能力的提升。其核心理念是将"竖井式"信息系统的各个组成部分，转化为"平层化"建设方法，包括<u>数据采集平层化、网络传输平层化、应用中间件平层化、应用开发平层化</u>等，并通过标准化接口和新型信息技术，实现信息系统的弹性、敏捷等能力建设。

（3）以互联网为主线的框架。以互联网为主线的框架强调将各信息系统功能<u>最大限度地 App 化（微服务）</u>。把组织各项业务职能和工艺活动等进行细化拆分，实施数字化封装，通过云边端的融合，实现对职能或工艺活动的动态重组和编排，支持对不同成熟度组织的适配，以及组织各项能力的敏捷组合与弹性变革。

4. 组织体系优化

（1）中小型单位的信息组织体系。

1）中小型单位的信息组织体系通常<u>由信息化管理委员会和信息化团队</u>构成。

- 信息化管理委员会：数字能力的治理机构，负责信息系统的规划、统筹、评估、指导和监督工作。
- 信息化团队：信息系统的建设和管理机构，负责信息系统的设计、建设、集成和运维等工作。

2）在信息化团队中，按照专业分工，还可以细分为主机组、网络组、开发组、桌面组等。

（2）大型单位的信息组织体系。

1）集中式。该模式一般都会设立具有<u>一定规模的专业的</u>信息部门，由组织的最高管理者作为第一责任人，并安排专职高级管理者进行统筹管理。

2）分权式。这种模式往往存在于组织数字能力建设的<u>中早期阶段</u>，或业务单元间差异较大的组织中。优势是信息系统往往能够比较快速地响应业务需求，但劣势也比较明显，就是相对分散的系统建设会带来集成融合以及重复投资的问题。

3）平衡矩阵式。该模式集合了集中式和分权式的主要优点，即信息数字<u>基础环境集中建设管理，而业务应用分权管理</u>。

（3）业务领域的信息组织体系。通常采用两种模式：①在业务相关的组织角色中设定和部署具有一定信息技术基础的人员，作为数字化转型和智能化改造的"能手"或"旗手"，通过重点培育的方式，驱动业务人员的数字能力提升；②对组织内全员开展信息技术基础培育和培养，重点聚焦在数字意识、数字素养等，可采用虚拟学习方式，全面带动相关人员数字能力的提升。

5. 技术体系定义

组织选择和确立技术体系时可以遵守以下<u>基本原则</u>：

（1）可用性原则。技术可用性也称技术可行性，是指<u>技术提供的特征和能力</u>能够满足组织信息系统建设、运行、发展的需要。

（2）安全性原则。在技术体系定义中需要注意：①充分了解每一种技术自身可能存在的安全漏洞；②通过技术特征或技术组合，最大可能减少故障对业务运行的影响；③技术体系与信息安全管理体系的匹配情况。组织需要根据各项技术特征与特点，构筑兼顾整体与局部安全的技术体系。

（3）可靠性原则。可靠性一般可从三个方面进行考察，即<u>成熟性、技术整体性和技术风险性</u>。

（4）灵活性原则。当内外部需求发生变化时，技术体系能够通过<u>少量变化或者不变</u>来满足相关要求。

（5）可扩展性原则。可扩展性强调尽可能使用<u>既有技术</u>来满足新的需求，或者通过扩展技术应用或组件来实现。

（6）可驾驭性原则。驾驭的<u>模式可以是多种多样的</u>，包括采取直接、间接、混合方式，或者通过人员、商业、生态等掌控。

6．技术蓝图绘制

（1）逻辑结构图。逻辑结构图是<u>技术蓝图绘制</u>最常用的方式，它基于信息系统的结构逻辑或技术组件的结构逻辑进行蓝图绘制，重点表达技术对信息系统的支撑情况，以及技术组件之间的关系。

（2）技术应用图。将<u>某一组强关联的技术</u>全面应用于组织信息系统的表达方式。

7．任务体系部署

任务体系部署的主要过程：

（1）任务拆解。任务拆解是任务体系部署的基础，一方面将任务体系进行层次化和精细化划分，满足从宏观导向到具体活动的结构化定义；另一方面分析和明确各项任务间的关系。

（2）明确目标。为确保各层级任务能够顺利实施，不同层级的任务都需要制定明确的目标，并且这些目标需要和系统发展目标保持一致。在定义任务目标时，通常遵循如下原则：①目标是<u>具体的</u>；②目标是<u>可测量的</u>；③目标是<u>可实现的</u>。

（3）匹配组织。任务的落实离不开组织中的各职能部门与业务团队，确定任务的具体方案需要充分考虑<u>组织的职能与业务分工</u>，从而确保每一层级的任务和目标都有对应的团队或团队组合来承担。

（4）制定策略。我们需要围绕任务设定情况，对重点任务制定对应的实现策略，以突破约束因素对任务实现的影响。制定任务策略还需要针对任务风险进行感知、预判和应对等，对实施任务时面临的各种风险进行评估，并针对风险给出应对策略。

（5）定义计划。任务的具体实施需要计划的支撑，计划包括<u>任务内容、干系团队、责任人、时间表和评估评测指标</u>等。

（6）监控实施。有效的监控措施能够确保任务得到<u>有效实施</u>，也是统筹系统规划及优化调整的关键依据。

8．资源体系调度

（1）资源识别与评估。开展资源体系调度策划，需要充分挖掘组织的资源情况，明确各类型资源的容量及其变化趋势。根据识别的资源需求，对组织的相关资源情况进行评估，确定哪些资源是可用的，以及哪些资源需要补充或调配。

（2）资源关系与控制。

1）资源关系与控制是指基于任务的优先级及依赖关系，确定资源分配的顺序和优先级，以及明确不同资源之间的依赖、依存、支撑和交互关系。

2）常见的资源控制方法包括：节约资源技术的使用、减少资源无效利用、优化资源开发利用管理等。

对应的规划措施主要包括：①设定资源合理开发利用的指标，即在资源体系规划中精准明确资源的需求；②鼓励能够节约资源的技术创新，并通过宣传、宣贯、案例等方式，强化相关创新的使用；③充分考虑对先进资源开发技术的使用。

（3）资源分配与调度。在信息系统规划中，需要重点考虑两种情况下的资源调度方法：①资源可能出现异常情况下的资源调度，包括相同资源再分配，或者相近资源的补充等；②应急情况下的资源调度，基于重大风险场景，给出对应资源调度的策略与方法。

（4）资源风险与优化。进行信息系统规划时，要充分意识到任何资源都存在风险，包括资源供给的容量风险、可持续供应的中断风险、资源使用中的质量与能力风险等。

9. 保障体系设定

（1）组织保障。组织保障的重点是组织决策层和管理层对相关内容的决策和承诺。

（2）人员保障。人员保障重点涉及以下几方面：

- 大力培养培育全员数字能力，包括信息技术、数字素养、数字意识等方面。
- 所有涉及组织数字能力建设的部门和团队，需要强化相关能力培育、培养和储备。
- 强化组织全员接受变革（业务、组织、岗位等）的预期和意识。
- 重视人员碎片化时间的开发利用，提升学习效率。
- 引导和强化重点人员的新技能建设，以及对组织数字能力目标的认同。

（3）技术保障。技术保障重点涉及以下几方面：

- 加大技术储备，做好技术预研。
- 优化技术创新考核，鼓励微创新的提出、实施、研制和推广等。
- 强化团队创新氛围，优化创新环境，形成崇尚创新的文化基础。
- 推动技术及其创新的标准化，依托标准化驱动技术创新应用和组合二次创新等。

（4）资源保障。资源保障主要涉及以下几方面：

- 充分重视数字能力等组织软实力建设，并将其作为组织各团队的主要职责之一。
- 面对资源投入矛盾，积极采用新型资源获取方法获得"硬"资源（如云服务），而不放弃和降低"软"资源建设。
- 结合组织发展目标，适当提升数字能力相关的资源优先级。
- 强化对资源管理人员的能力建设，持续优化资源开发利用方法，如循环资源利用、资源节约、资源碎片化使用等。

（5）数据保障。数据保障重点关注以下几方面：

- 强化组织各级人员和团队的数据治理能力，明晰数据生命周期价值。

- 持续优化数据管理措施与方法，完善数据管理体系。
- 紧抓数据质量，确保数据从源头到全过程的可靠性。
- 提升数据标准化能力，逐步实现全员对数据标准化的重视和规模化行动。
- 持续培育全员数据开发利用的能力，如大数据价值的挖掘。
- 将数据资源作为各领域发展的基础，并确保数据资源的有效性，以及保值、增值等。

（6）安全保障。安全保障重点关注以下几方面：
- 加强组织全员的信息安全意识。
- 提升组织全员信息安全相关的知识、技能和经验。
- 完善信息安全管理体系。

1.2.2 信息系统规划工作

1. 内部需求挖掘

（1）组织内部需求挖掘的工作方法包括：**资料收集、交流访谈、现有系统查勘、业务现场查勘、案头研究**等。

（2）主要工作任务如下：①理解组织战略；②熟悉业务流程；③收集用户需求；④评估现有系统；⑤感知数字环境。

（3）本工作过程的重点是尽可能**获得组织相关领域的真实状态**，尽可能**获得直接需求信息**，但并不追求需求的有效性和精细化，要避免在该阶段进行过多的技术纠缠、路线纠缠、应用系统功能纠缠等。注意事项主要包括：①以原始信息获取为主；②避免直接给出解决方案；③及时开展引导性培训；④谨慎信息交叉传递；⑤关注隐性需求的推演。

2. 外部需求挖掘

（1）外部需求主要工作任务包括：①国家战略导入；②行业趋势分析；③技术趋势研究；④竞争环境分析；⑤客户期望调研；⑥标准与规范引用。

（2）在开展组织外部需求挖掘的过程中，重点是**对外部各种信息的甄选**。注意事项主要包括：①国家战略与政策引用；②定性内容转定量对比；③避免信息安全事件。

3. 整合与分析

在完成内外部需求挖掘后，需要对收集到的需求进行整合和分析，确定以下几个方面的内容：
- 组织信息系统发展过程中的主要矛盾及各种矛盾之间的关系。
- 整体或分领域的主要需求，以及它们之间的冲突、联系及优先级等。
- 关键干系人和干系群体的内在需求。
- 外部对组织相关建设的要求及引导性内容。
- 组织创新环境、数字环境的基本状态。
- 组织数字化发展所处的大致水平，以及目标水平。
- 组织治理与文化的基本模式，以及发展突破的历程。
- 信息系统规划可能面临的重大风险。

- 进一步开展工作的主要策略等。

4. 场景化模型分析

(1) 场景拆解与选择。基本方法和过程主要包括：①从信息系统目标价值链角度进行结构化拆解；②从业务发展能力链角度进行结构化拆解；③将信息系统目标价值链与业务发展能力链进行交叉融合，找出能力链与价值链的融合点；④在融合点中，找出组织特定价值与关键价值的部分，形成关键价值点；⑤对关键价值点进行聚合，定义出对应的场景化分析需求；⑥评价具有场景化分析需求的部分是否具备进行场景化分析的条件，形成需要进行场景化分析的清单。

(2) 场景化模型构建与分析。开展场景化模型分析需要构建对应的场景模型，模型的主要组成部分包括：场景定义、角色分析、业务分析、数据分析、技术分析、组织分析、风险分析、政策与法律分析等。

(3) 场景化模型分析应用。

1) 规划前，场景化模型分析可以用来识别组织的关键需求、明确规划目标，并进行规划环境和资源的分析。

2) 规划中，场景化模型分析可以用来评估不同规划方案的可行性和风险，并进行决策支持。

3) 规划后，场景化模型分析可以用来监控和评估规划实施的效果，并进行必要的调整和优化。

(4) 场景化模型分析关键价值主要体现在以下几方面：

1) 提高规划决策的科学性和实践性。

2) 确保规划与组织发展的衔接。

3) 降低规划风险和成本。

4) 促进信息系统规划的共识和沟通。

(5) 场景化模型分析的优缺点。

1) 场景化模型分析的优点主要体现在：①贴近实际需求；②提供指导和参考；③提高系统适应性。

2) 场景化模型分析的缺点主要体现在：①数据采集和分析困难；②可行性限制。

5. 深度诊断与评估

(1) 成熟度与需求控制。

1) 成熟度等级。从信息技术与组织业务融合发展角度而言，通常将其成熟度定义为5个等级。

- 成熟度一级。以确立业务领域需要完成的主要工作和推动该领域数字化转型的基本策划为主，以及完成这些工作通常要开展哪些规范化建设。

- 成熟度二级。侧重管理精细化和流程化，并以解决业务领域的运行效率为聚焦点，强调在业务领域中对信息技术手段的使用（以数据为重点的部分）和信息应用系统的部署（以流程为重点的部分）。

- 成熟度三级。侧重业务领域中部分职能、分工之间的协同一体化，数据流动逐步替代业务流程化管理，关注集成平台化、数据平台化等对业务协同的优化和改革，以及对组织知识技能的沉淀与创新的支撑等方面。

- 成熟度四级。侧重组织敏捷能力建设，强调如何快速响应客户的各种服务需求，以数据模型应用与预测和快速决策为重点，驱动组织治理与决策体系的深度改革。
- 成熟度五级。侧重围绕组织生态一体化建设为重点，持续推进业务自组织、管理自组织、生产自组织、服务自组织等，能够通过自组织模式提高对未知风险的应对能力。

2）成熟度的应用。对于组织来说，通过能力成熟度不仅能够找到最短板是什么，还能知道哪些能力发展需要延缓，乃至暂停。

3）需求控制。对于任何组织来说，无论何种目标、何种理由、何种场景，都需要对信息系统需求进行有效的控制。

（2）诊断与评估模型确立。诊断与评估模型主要分为两个维度：①业务能力维度，可逐步细分为能力域、能力子域、能力项、能力分项、能力子项和能力点等；②成熟度等级维度，可以根据成熟度的一般定义方法，将成熟度等级确定为 5 个等级。

（3）诊断与评估实施。目标是精准、精细地把握组织需求，以及挖掘组织在信息环境下各项能力需要进一步提升的内容和路径。

1）计划与打分。诊断与评估工作的开展需要制订详细的工作计划，并全面识别每项能力诊断与评估的干系人，诊断评估可以采用量化打分模式进行，以便发现最短板、最长板所在，以及组织各项能力的等级状态分布。

2）权重与计算。在有些场景下，为确立组织整体或局部重点能力，在诊断与评估中也会引入分项权重的概念，从而获取并计算整体的情况，用于设定或分析整体的目标。

3）记录与确认。需要针对每条成熟度等级设定进行诊断与评估过程记录，形成记录底稿，如果存在不满足的情况，要清晰标注对应的诊断与评估发现。诊断与评估记录用于信息系统规划需求的后期，能够支持对需求进行挖掘和确认。

6. 整体与专项规划

（1）需求整合与确认。需求整合需要多维展开，如业务领域维、能力建设维、技术发展维等。

（2）整体规划。

1）常见的信息系统规划推演与策划模式为"自底向上"和"自顶向下"。
- 在以解决业务效率为主的组织中，"自底向上"的模式相对更适合。
- 在解决协同与敏捷的组织中，"自顶向下"的模式相对更适合。

2）整体规划的目标是确保信息系统与组织的战略目标和业务需求相互协调和支持。需要重点关注以下内容：
- 确保信息系统与组织战略目标的一致性。
- 提高信息系统的协同性和一体化程度。
- 优化资源配置和投资回报。

（3）专项规划。专项规划是指对信息系统中某个特定领域或问题进行详细规划和设计的过程。专项规划侧重于解决特定问题或满足特定需求，通常是在整体规划的基础上细化和完善。

实施专项规划需要重点关注以下内容：

- 需要清晰明确信息系统的管理和使用主体，该主体可以是部门或团队，也需要明确关键责任人或岗位。
- 强调单项领域的规划系统性，但可以不用考虑较长时间周期，主要以管理和使用主体可理解、可接受为主。
- 技术路线和技术属性需要进一步明确和强化，需要进行细致的科学推理。
- 需要配套更加细致的实施路径或计划，往往不以阶段进行划分，而是以时间为主轴。

（4）一致性检查。在形成整体规划与专项规划的过程中，需要持续进行一致性检查，检查内容包括：

- 规划成果与需求之间的对应关系，规划成果与组织战略的一致性。
- 规划内容之间的协调一致性，包括组织、框架、人员、技术、资源和任务等。
- 规划内容的科学性和可行性。
- 规划内容与组织干系人理解的一致性等。

7. 持续改进

信息系统规划是一个持续改进的过程，旨在确保信息系统能够满足组织的战略和业务需求。需要关注以下几方面：

- 持续跟踪组织的战略。
- 感知技术的发展创新。
- 关注数据管理和信息安全。
- 注重用户体验和用户参与。
- 建立一个监测和评估机制。

信息系统规划的持续改进是一个动态的过程，需要规划者具备敏锐的洞察力和持续学习的能力。只有通过不断地适应变化和改进，信息系统才能为组织提供可靠、高效和创新的支持。

1.2.3 信息系统规划常用方法

1. 战略目标集转移法

战略目标集转移法（Strategy Set Transformation，SST）把组织的总战略、信息系统战略分别看成"信息集合"，信息系统战略规划的过程则是将组织战略集转换成与其相关联一致的信息系统战略集。

（1）组织战略集。

1）组织战略集是组织本身战略规划过程的产物，包括组织的使命、目标、战略和其他一些与信息系统有关的组织属性。

2）组织的目标就是它希望达到的目的，这些目标可以是定量的也可以是定性的。

3）组织的战略是为达到目标而制定的总方针。

（2）信息系统战略集。

1）信息系统战略集由系统目标、系统约束和系统建设战略构成。

2）系统目标主要定义信息系统的服务要求，其描述类似组织目标的描述，但更加具体。

3）系统约束包括内部约束和外部约束。

4）系统建设战略是信息系统战略集的重要元素，相当于系统建设中应当遵循的一系列原则。

（3）信息系统战略规划过程。

1）识别和解释组织战略集。该过程可按以下三个步骤进行：①画出组织利益相关方的结构；②确定利益相关方的要求；③定义组织相对于每个利益相关方的任务和战略。

2）进一步解释和验证组织战略集。

2. 企业信息系统规划法

企业信息系统规划法（Business System Planning，BSP）的四个基本步骤概括如下。

（1）定义管理目标：只有明确企业的管理目标，信息系统才可能给企业直接的支持。

（2）定义管理功能：识别企业过程中的主要管理活动。

（3）定义数据类：定义数据类有两种基本方法：①实体法；②功能法。

（4）定义信息结构：定义信息结构也就是定义信息系统子系统及其相互之间的数据交换，这是 BSP 方法的最终成果，即获得最高层次的信息系统结构。

3. 关键成功因素法

关键成功因素法（Critical Success Factors，CSF）的实施步骤包括：①确定组织的战略目标；②识别组织的所有成功因素；③确定组织的关键成功因素；④识别各关键成功因素的绩效指标和标准以及测量绩效的数据。

4. 价值链分析法

价值链分析法（Value Chain Analysis，VCA）应用主要包括以下几个基本步骤：①识别组织价值链；②确定关键价值增加环节；③确定关键价值减少环节；④明确信息技术对关键价值环节的支持。

5. Zachman 框架

Zachman 框架实施步骤：①确定组织的愿景和原则；②现状描述分析；③目标架构定义；④差距与改进点分析；⑤制订实施计划；⑥持续改进优化。

1.3 应用系统规划论文重要知识点

1.3.1 应用系统规划设计基础架构

1. 客户机/服务器架构

（1）两层客户机/服务器架构。优点是结构简单，容易实现，而且交互与业务处理程序运行在客户端，具有较好的操作性能，可方便客户端对数据的计算与表现。

但两层结构存在管理与维护的不便。客户端程序需要承担信息表示与业务处理双重任务，并且被分散在许多不同的客户机上，当界面风格或业务规则改变时，需要进行较大的客户机程序的变更，变更成本较大，如图 1-1 所示。

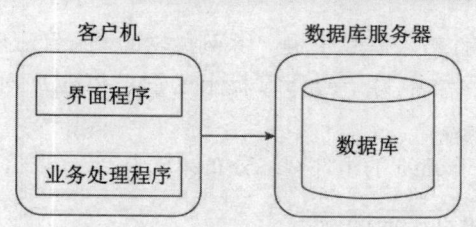

图 1-1　两层客户机/服务器架构

（2）三层客户机/服务器架构。三层架构的作用是将应用系统中容易改变的业务处理部分集中到应用服务器上，使得当系统业务规则改变时，不需要更新数目庞大的客户机，而只需要针对应用服务器上的应用程序进行更新，有利于系统的维护。

三层架构的软件实现技术难度较大，并且在计算机硬件设备方面比两层结构需要更高的性能要求，如图 1-2 所示。

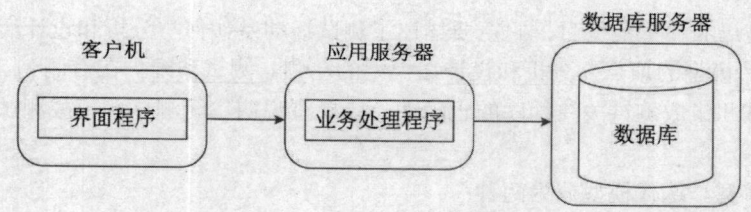

图 1-2　三层客户机/服务器架构

（3）浏览器/服务器架构。浏览器/服务器架构又称为 B/S 架构，架构中不需要专门的客户端程序，而只需要有一个通用的 Web 浏览器，即可实现客户端对服务器的访问，如图 1-3 所示。

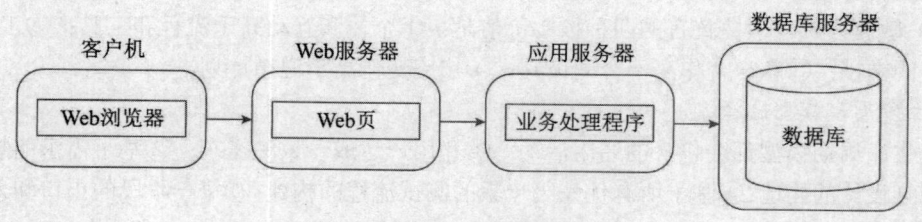

图 1-3　浏览器/服务器架构

B/S 架构的<u>优越性</u>：无须对客户机专门维护，且能够较好地支持基于互联网的远程信息服务。

B/S 架构的<u>不足</u>：用户信息需要通过 Web 服务器间接获取，因此系统中数据的传输速度、数据安全性、稳定性都将低于传统客户机/服务器架构。

2．组件分布架构

目前应用中的主要的组件分布中间层构件有 CORBA、DCOM、EJB。

（1）CORBA（Common Object Request Broker Architecture，通用对象请求代理模型）：目前已在 UNIX、Linux 及 Windows 等诸多操作系统上有效应用。

（2）DCOM（分布式组件对象模型）：是一系列微软的概念和程序接口，利用这个接口，客户端程序对象能够请求来自网络中另一台计算机上的服务器程序对象。DCOM 的通用性不如 CORBA。

（3）EJB：主要用在基于 Java 的组件网络分布计算中。

1.3.2 应用系统规划设计主要内容

1. 生命周期模型

生命周期模型把应用系统生命周期细分为几个阶段，这些阶段需要包含<u>识别用户需求、开发、测试、安装、运行以及退役</u>等几个步骤。

（1）瀑布模型。瀑布模型的特点包括：①阶段间具有顺序性和依赖性；②推迟实现的观点；③质量保证的观点。

（2）V 模型。

1）V 模型是瀑布模型的变种，它主要描述了测试活动是如何与分析和设计活动相关联的。

2）编码是 V 模型的顶点，<u>分析和设计</u>在模型的左侧，<u>测试和维护</u>在右侧。

3）单元测试和集成测试关注程序的正确性。V 模型说明单元测试和集成测试也可以用来验证程序设计。

（3）迭代模型。迭代模型分为两种：

- 演化建设，即开始交付的就是一个完整的应用系统，然后在后续迭代中不断完善系统的功能和质量。
- 增量建设，即将应用系统作为一系列的增量构件来规划设计、编码集成和测试，刚开始交付的是一个实现了部分功能的子系统，然后在后续迭代中不断增加新的功能。

（4）敏捷方法。敏捷宣言<u>四种核心价值</u>是：①个体和互动高于流程和工具；②工作的软件高于详尽的文档；③客户合作高于合同谈判；④响应变化高于遵循计划。

2. 生命周期模型选择

每个生命周期模型都会包含的通用活动：①和用户达成一致的需求；②基于需求的规划设计；③基于规划设计的构造；④基于所有优先级步骤的测试流程的构建；⑤每一阶段的出口和入口标准。活动的某些部分会重叠，但基本上是顺序关系。

3. 体系结构定义

（1）面向数据流的定义方法。

1）面向数据流的定义方法是常用的<u>结构化规划设计</u>方法，多在概要阶段使用。它主要是指依据一定的映射规则，将需求分析阶段得到的数据描述从系统的输入端到输出端所经历的一系列变换或处理的数据流图转换为目标系统的结构描述。

2）在数据流图中，数据流分为<u>变换型数据流和事务型数据流</u>两种。

（2）面向数据结构的定义方法。

面向数据结构的定义方法就是根据<u>数据结构规划设计程序处理过程</u>的方法。通常在详细设计阶段使用。

比较流行的面向数据结构的定义方法包括 Jackson 方法和 Warnier 方法。Warnier 方法仅考虑输入数据结构，而 Jackson 方法不仅考虑输入数据结构，还考虑输出数据结构。Jackson 方法把数据结构分为三种基本类型：顺序型结构、选择型结构和循环型结构。

（3）表示应用系统体系结构的图形工具。

1）层次图：通常使用层次图描绘应用系统的层次结构。

2）结构图：结构图和层次图类似，也是描绘体系结构的图形工具，图中一个方框代表一个模块，框内注明它们的名字或主要功能，方框之间的箭头（或直线）表示它们间的调用关系。

4．接口定义

（1）接口定义的内容应包括功能描述、接口的输入/输出定义、错误处理等。接口定义通常需要包括：①用户接口；②外部接口；③内部接口。

（2）界面定义是接口定义中的重要组成部分。指导用户界面定义活动的基本原则包括：①置用户于控制之下；②减少用户的记忆负担；③保持界面一致。

（3）明确系统界面是一个迭代的过程，其核心活动包括：①创建系统功能的外部模型；②确定为完成此系统功能，人和计算机应分别完成的任务；③考虑界面定义中的典型问题；④借助 CASE 工具构造界面原型；⑤评估界面质量。

（4）在界面定义中，应该考虑以下四个问题：①系统响应时间；②用户求助机制；③出错信息；④命令方式。

5．数据定义

数据定义就是将需求分析阶段定义的数据对象转换为数据结构和数据库的过程，注意要对程序级的数据结构和应用级的数据库两个方面进行定义。数据库的定义过程大致可分为需求分析、定义概念模型、定义逻辑模型、定义物理数据库、验证五个步骤。

6．构件定义

进行构件定义的典型任务包括：

- 标识出所有与问题域对应的类。
- 确定所有与基础设施域对应的类。
- 细化所有不需要作为可复用构件的类。
- 说明持久数据源（数据库和文件）并确定管理数据源所需要的类。
- 开发并且细化类或构件的行为表示。
- 细化部署图以提供额外的实现细节。
- 考虑每个构件级定义表示，并且时刻考虑其他可选方案。

1.3.3　应用系统规划设计主要过程

在进行应用系统规划设计时，主要过程包括初步调研、可行性研究、详细调研、系统分析和系统设计。

1. 初步调研

系统的开发工作是从接受用户提出的任务开始的。

（1）初步调研的目标。掌握用户的概况，对用户提出的各种问题和初始要求进行识别，明确新系统的初步目标，为可行性研究提供基础。

（2）初步调研的内容。内容主要包括：组织概况、组织环境、现行系统概况、各方面对新系统的态度、系统研制工作的资源情况。

2. 可行性研究

（1）可行性研究概述。

可行性研究的结果可分为三种情况：①可行，按计划进行；②基本可行，对项目要求或方案做必要修改；③不可行，不立项或终止项目。

可行性研究必须从系统总体出发，一般需要从经济、技术、社会、管理等多个方面进行综合分析和论证，这四方面的分析工作分别称为经济可行性分析、技术可行性分析、社会可行性分析和管理可行性分析。

（2）可行性研究的步骤。

1）典型的应用系统可行性研究由以下八个步骤组成：①复查系统目标和规模；②研究目前正在使用的系统；③导出新系统的高层逻辑模型；④重新定义问题；⑤导出和评价供选择的方案；⑥推荐一个方案并说明理由；⑦草拟开发计划；⑧书写文档并提交审查。

2）可行性研究的前4个步骤实际上构成一个循环：定义问题，分析这个问题，导出一个试探性的解；在此基础上再次定义问题，再次分析，再次修改……继续这个过程，直到提出的逻辑模型完全符合系统目标为止。

（3）可行性研究的必要性。必要性来自组织内部对建设应用系统的需要和组织外部的要求，是从管理人员对系统的客观要求及现行系统的可满足性两个角度来分析新系统建设是否必要。

（4）可行性研究的内容。

1）经济可行性。

a. 投资/效益分析需要确定所要建设的系统的总成本和总收益。总成本包括建设成本和运行成本，总效益包括直接经济效益和间接社会效益。

b. 在进行成本估算时，往往要加大一定的比例，以防由于意外或物价变动因素而出现预算偏低的现象。通常总成本主要由以下几项组成：设备成本、人员成本、材料成本、其他成本。

c. 通过比较成本和效益，可以决定将要立项的新系统是否值得建设。一般可获得的结论有以下三种：①效益大于成本，建设对组织有价值；②成本大于效益，不值得建设；③效益和成本基本持平。

2）技术可行性。在进行技术可行性分析时，一定要注意以下几方面的问题：

- 应该全面考虑系统建设过程中涉及的所有技术问题。
- 尽可能采用成熟技术。
- 慎重引入先进技术。

14

- 着眼于具体的开发环境和开发人员。

3）社会可行性。

a. 社会可行性需要从政策、法律、道德、制度、管理、人员等社会因素论证系统建设的可能性和现实性。

b. 社会可行性还需要考虑操作可行性。操作可行性是指分析和测定给定系统在确定环境中能够有效地工作并被用户方便使用的程度和能力。分析操作可行性必须立足于实际操作和使用系统的用户环境。

4）管理可行性包括如下内容：

- 组织领导、部门主管对新系统建设是否支持以及态度是否坚决。
- 管理人员对新系统建设的态度以及配合情况如何。
- 管理基础工作如何，现行管理系统的业务处理是否规范等。
- 新系统的建设运行会导致管理模式、数据处理方式及工作习惯的改变，这些工作的变动量如何以及管理人员能否接受。

（5）可行性研究报告。可行性研究报告的主要内容有：

- 建设任务的提出。
- 系统的目标。
- 初步调研概况。
- 初步实施方案与比较。
- 可行性研究。
- 结论。

根据分析的结果，对新系统建设做出以下三种结论之一：①项目可行，条件成熟，可以立即建设；②需要修改目标，追加资源或等待条件；③不可能或没有必要进行，项目终止。

（6）可行性论证会。讨论的结果有两种可能：一种是同意或基本同意报告中的结论，立即执行或修改目标、追加资源和等待条件，或者取消研制项目；另一种是对报告持不同意见，对某些问题的判断有不同看法。

可行性研究报告一旦通过，将成为以后工作的依据，因此必须有一个正式的报告文本和可行性论证会的结论。

3. 详细调研

详细调研的目的主要是了解组织内部信息的处理和流通情况。

（1）详细调研的目标。详细调研的对象是现行系统（包括手动业务和已采用计算机的应用系统）。

详细调研的目的在于完整掌握现行系统的现状，查明其执行过程，发现问题和薄弱环节，收集资料和数据，为下一步的系统分析和提出新系统的逻辑设计做好准备。具体的调研内容包括管理业务状况与数据流程的调查和分析。

系统调研分析从一开始就应成立调研组。调研组由使用组织的业务人员和领导人员与规划设计团队共同组成。

（2）详细调研的范围。详细调研的范围可大致归纳为以下 9 个方面：①组织和功能业务；②组织目标和发展战略；③工艺流程和产品构成；④数据和数据流；⑤业务流程和工作形式；⑥管理方式和具体业务的管理方法；⑦决策方式和决策过程；⑧可用资源和限制条件；⑨现存问题和改进意见。

（3）详细调研的原则。详细调研工作应该遵循如下几点原则：①自顶向下全面展开；②用户参与；③分析系统有无改进的可能性；④工程化的工作方式；⑤全面与重点相结合；⑥主动沟通和友善的工作方式。

（4）详细调研的内容。在详细调研阶段，以下几项活动必须全部完成，它们之间是互补的，并且通常同时完成。

1）收集信息。为保证信息收集的质量，应坚持以下原则：准确性原则、全面性原则、时效性原则。

在完成这项活动时，应该回答的关键问题是"我们是否已经拥有全部的信息来定义系统必须完成的工作"。

2）系统需求建模。需求模型（或模型的集合）是一种逻辑模型，它能够很详细地展示系统需要完成哪些功能，而不依赖任何技术。

在完成这项活动时，应该回答的关键问题是"我们需要系统做什么（详细的）"。

3）需求的优先级划分。在完成这项活动时，应该回答的关键问题是"系统要完成的最重要的事是什么"。

4）构建系统原型，检验可行性并发现问题。在系统分析阶段的原型构建有助于回答两个关键问题，即"我们是否可以证明这种技术能够实现我们想让它完成的那些功能"和"我们是否已经构建出一些原型，可以使用户完全理解新系统的潜在功能"。

5）产生和评估候选方案。在完成这项活动时，应该回答的关键问题是"创建系统的最好方案是什么"。

6）和管理部门一起复查各种建议。向资深的主管人员提交一份推荐书是整个项目管理中的一个主要检验点。每一个可选方案（包括已取消的）都必须探究。

在完成这项活动时，应该回答的关键问题是"我们应不应该继续设计和实现我们提出的系统"。

（5）详细调研的方法。详细调研的方法包括：①收集资料；②发调研表征求意见；③开调研会；④访问；⑤深入实际的调研方式。

4. 系统分析

（1）系统分析的任务。系统分析阶段的基本任务是，系统分析师与用户在一起，充分了解用户的要求，并把双方的理解用系统说明书表达出来。系统说明书审核通过之后，将成为系统设计的依据，也是将来验收系统的依据。

系统分析要回答新系统"做什么"这个关键性的问题。

系统说明书是这一阶段工作的结晶，它实际上是用户与系统研发人员之间的技术合同。

（2）系统分析的过程和方法。

1）问题分析。问题分析时重点明确以下事项：
- 需要明确系统建设的背景。
- 在了解背景的基础上，需要进一步了解：本系统解决了用户的什么问题？本系统涉及什么人、什么单位？本系统建设的目标是什么？范围是什么？成功标准是什么？
- 找出关键利益相关人员及待解决的问题。
- 详细调查和分析业务流程，建立业务流程模型以描述用户处理业务的过程及过程中数据的流转，快速让分析人员、用户、开发人员对企业业务流程和管理流程达成共识。

2）需求分析。

a. 系统需求就是新系统必须完成的功能或其局限性。系统需求包括**功能性需求和非功能性需求**。
- 功能性需求。功能性需求是系统最主要的需求，表达系统必须完成的所有功能的必要性和相容性，以满足企业完成业务活动和管理的需要。
- 非功能性需求。非功能性需求也称为技术性需求，是和环境、硬件和软件有关的所有可操作目标。通常是响应时间、安全性、可靠性、易用性等技术指标和系统的质量特性。

b. 根据建模特点，主要有以下几种常用的需求分析方法：面向过程的结构化方法、面向数据的信息工程方法、基于UML的用例驱动方法、基于敏捷过程的用户故事。

3）需求定义。需求定义阶段的任务是整理并建立最终的需求模型，详细定义和描述每项需求，确认约束条件及限制，编写需求规格说明。

（3）系统说明书。

1）系统说明书应具有以下特征：正确性、完整性、一致性、无二义性、可修改性、可跟踪性。

2）对系统说明书的审议是整个系统研制过程中一个重要的里程碑。系统说明书通常包括以下三方面的内容：

a. 引言。说明系统建设项目名称、目标、功能、背景、引用资料（如核准的计划任务书、有关业务文件、项目合同等）、本文所用的专门术语等。

b. 概述。具体包括：系统建设项目的主要工作内容、现行系统的调查情况、系统功能需求、系统数据需求、系统其他需求。

c. 实施计划。具体包括：工作任务的分解、进度、预算。

5．系统设计

（1）系统设计的目标。评价与衡量系统设计目标实现程度的主要指标有以下几方面：

1）系统的可靠性。
2）系统的可变更性。
3）系统的效率。
4）系统的通用性。
5）系统的工作质量。

（2）系统设计的原则。系统设计的原则有：系统性原则、灵活性原则、可靠性原则、经济性原则、管理可接受原则。

（3）系统设计的内容和步骤。系统设计的内容和步骤有：系统总体结构设计、处理流程设计、代码设计、人机界面设计、输出设计、输入设计、数据库设计、安全保密设计、系统物理配置方案设计、编写系统设计说明书。

1.3.4 应用系统规划设计常用方法

1. 应用系统组合法

（1）应用系统组合法（Application Portfolio Approach，APA）的主要目标是帮助组织管理其应用系统组合，确保应用系统与组织的业务目标和战略一致，同时降低应用系统的维护成本和风险。

（2）APA 的过程通常包括以下几个步骤：应用系统清单、评估应用系统、分析应用系统组合、制定优化策略、实施优化计划、监测和评估。

2. 开放组架构框架

（1）开放组架构框架（The Open Group Architecture Framework，TOGAF）基础。

1）TOGAF 旨在通过以下四个目标帮助企业组织和解决所有关键业务需求：

- 确保从关键利益相关方到团队成员的所有用户都使用相同语言。
- 避免被"锁定"到企业架构的专有解决方案，只要该企业在内部使用 TOGAF 而不是用于商业目的，该框架就是免费的。
- 节省时间和金钱，可以更有效地利用资源。
- 实现可观的投资回报（Return On Investment，ROI）。

2）TOGAF 反映了企业内部架构能力的结构和内容，TOGAF 9 版本包括 6 个组件：架构开发方法（Architecture Development Method，ADM）、ADM 指南和技术、内容框架、企业连续体和工具、TOGAF 参考模型、架构能力框架。

（2）架构开发方法。

1）ADM 的全生命周期模型将架构开发全生命周期划分为：预备阶段、需求管理、架构愿景、业务架构、信息系统架构（应用和数据）、技术架构、机会和解决方案、迁移规划、实施治理、架构变更治理 10 个阶段，这 10 个阶段是反复迭代的过程。

2）ADM 三个级别的迭代概念：基于架构开发整体的迭代、多个开发阶段间的迭代、在一个阶段内部的迭代。

3）ADM 各个开发阶段的主要活动见表 1-2。

表 1-2 ADM 各个开发阶段的主要活动

架构开发阶段	架构开发阶段内的活动
预备阶段	为实施成功的企业架构项目做好准备，包括定义组织机构、特定的架构框架、架构原则和工具

续表

架构开发阶段	架构开发阶段内的活动
需求管理	完成需求的识别、保管和交付，相关联的架构开发阶段则按优先级顺序对需求进行处理；TOGAF 项目的每个阶段都是建立在业务需求之上并且需要对需求进行确认
阶段 A：架构愿景	设置 TOGAF 项目的范围、约束和期望。创建架构愿景，包括定义利益相关者、确认业务上下文环境、创建架构工作说明书、取得上级批准等
阶段 B：业务架构； 阶段 C：信息系统架构（应用和数据）； 阶段 D：技术架构	从业务、信息系统和技术三个层面进行架构开发，在每一个层面分别完成以下活动：开发基线架构描述，开发目标架构描述，执行差距分析
阶段 E：机会和解决方案	进行初步实施规划，并确认在前面阶段中确定的各种构建块的交付物形式，确定主要实施项目，对项目分组并纳入过渡架构，决定途径（制造/购买/重用、外包、商用、开源），评估优先顺序，识别相依性
阶段 F：迁移规划	对阶段 E 确定的项目进行绩效分析和风险评估，制订一个详细的实施和迁移计划
阶段 G：实施治理	定义实施项目的架构限制，提供实施项目的架构监督，发布实施项目的架构合同，监测实施项目以确保符合架构要求
阶段 H：架构变更治理	提供持续监测和变更管理的流程，以确保架构可以响应企业的需求并且将架构对于业务的价值最大化

3．面向服务的架构

（1）面向服务的架构（Service-Oriented Architecture，SOA）的<u>设计原则</u>包括：明确的接口定义、自包含与模块化、粗粒度、松耦合、互操作性、兼容性和策略声明。

（2）SOA 的<u>主要技术内容</u>包括：服务封装、服务编排、服务注册与发现、服务治理、服务安全、服务可靠性和可用性。

（3）SOA 的<u>应用场景</u>，其主要适用场景包括：组织级应用集成、业务流程管理、系统扩展和重用、云计算和微服务架构、跨平台集成。

1.3.5 软件工厂

1．软件工厂与传统开发对比

软件工厂更加注重<u>灵活性、自动化和创新</u>，强调持续快速交付、质量保证和高效协作等。

（1）敏捷交付。敏捷交付强调通过<u>迭代、协作和自组织</u>的方式，快速响应变化并持续交付软件产品。

主要包括的<u>关键实践和原则有</u>：敏捷开发方法、用户需求和产品回溯日志、迭代开发、自动化测试、持续集成和持续交付（CICD）、产品质量和用户反馈、团队协作和沟通、可视化和透明度。

（2）流水线作业。<u>主要内容包括</u>：环节划分、任务定义、流转规则、并行处理、自动化支持、监控和优化。

（3）安全可靠。安全可靠是指在软件开发和交付过程中，保障软件系统的安全性和可靠性。软件工厂确保安全可靠性的<u>关键实践和原则</u>主要包括：

1）安全开发实践。

2）数据和隐私保护。

3）持续集成和持续交付。

4）团队安全培训和安全意识。

（4）协同开发。协同开发的<u>关键实践和原则</u>主要包括：

1）团队协作和沟通，包括：日常站会、迭代评审会、冲刺回顾会。

2）共享知识和经验，包括：文档和知识库、代码审查、技术分享会。

3）协同工具和平台，包括：即时通信工具（如微信、钉钉等）、在线文档协作工具（如 WPS 等）、代码托管和协作平台、团队协作工具（如金山协作）、数字协同平台（如 WPS 365 等）。

2. 软件工厂建设方法

（1）组织建设。

1）组织建设的<u>重要性</u>主要体现在：一是明确分工和责任；二是提高团队协作；三是提升决策效率。

2）组织建设的<u>策略</u>和<u>最佳实践方法</u>包括：确定组织结构、制定明确的岗位和职责、设计有效的流程和规范、优化沟通渠道和协作工具、培养领导力和团队文化、定期评估和改进。

3）组织建设也要做好<u>人才培养</u>和<u>团队建设</u>。

（2）资源部署。软件工厂资源部署的<u>策略</u>和<u>最佳实践方法</u>包括：项目规划和优先级、人员分配和技能匹配、工作量估计和调整、工具和设备支持、项目管理和协调、优先级和变更管理。

（3）业务管理。软件工厂的业务管理主要由<u>以下模块构成</u>：①项目管理模块；②资源管理模块；③质量管理模块；④绩效管理模块；⑤沟通与协作模块；⑥数据分析与报告模块。

实现业务管理主要采取的<u>步骤</u>包括：确定需求和目标、选取合适的软件解决方案、进行系统定制和开发、进行系统测试和验证、系统部署和培训、监控和维护。

（4）体系保障。软件工厂的体系保障是通过建立质量管理体系、流程规范、资源配置、质量控制和持续改进等措施，确保软件开发和交付过程的质量和可靠性。它需要全面考虑软件开发的各个方面，并与团队成员密切合作，以实现高质量的软件产品和服务。

1.4 云资源规划论文重要知识点

1.4.1 云资源规划的基本流程

云资源规划的基本流程如下：

（1）需求收集。具体包括以下内容：

- 理解业务需求和目标。
- 收集和分析相关的业务数据。
- 调研和了解利益相关者的需求和期望。

（2）资源评估和规划。具体包括以下内容：
- 评估当前的计算、存储和网络资源使用情况。
- 预测未来的资源需求，并根据业务增长和变化制定资源规划策略。
- 确定合适的云服务模型（如 IaaS、PaaS、SaaS、FaaS）和提供商，根据业务需求选择适当的资源类型和配置。

（3）预算管理。具体包括以下内容：
- 制订预算计划，考虑资源采购、运营和维护的成本。
- 评估云服务提供商的定价模型和费用结构，并进行成本效益分析。
- 设定费用控制和预算监控的策略，确保资源使用符合预算要求。

（4）设计与实施。具体包括以下内容：
- 基于需求和资源评估，设计云架构和系统配置。
- 选择适当的云服务提供商，并配置和部署云资源。
- 迁移应用程序和数据到云环境，并确保数据的安全和完整性。

（5）持续优化。具体包括以下内容：
- 监控和评估云资源的性能、可用性和成本效益。
- 根据实际使用情况和需求变化，进行资源调整和优化。
- 定期审查和更新资源规划，以确保与业务目标的一致性和适应性。

整个云资源规划流程应该是一个循环的过程，随着业务需求的变化和技术进展，不断进行评估和优化。

1.4.2 云计算架构

1. 云计算服务类型

（1）公有云。公有云通常指第三方提供商为用户提供的能够使用的云，公有云一般可通过互联网使用，通常是免费或价格低廉的，公有云的核心属性是共享资源服务。

核心特征是基础设施所有权属于云服务商，云端资源向社会大众开放，符合条件的任何个人或组织都可以租赁并使用云端资源，且无须进行底层设施的运维。

公有云的优势是成本较低、无须维护、使用便捷且易于扩展，适应个人用户、互联网企业等大部分客户的需求。

公有云是一种灵活、可扩展、高可用性和成本效益高的云计算服务模式，适用于各种规模和行业的企业，可以帮助企业提高计算资源的利用率和管理水平。

（2）私有云。私有云是为一个客户单独使用而构建的，因而提供对数据、安全性和服务质量的最有效控制。私有云的特点是数据安全性高、服务质量保障完善和较高的资源使用率。

私有云架构是基于私有云环境构建的云计算基础设施。

私有云架构提供更高的安全性和控制权，但可能缺乏公有云的灵活性和可扩展性。

（3）混合云。混合云架构根据需求将工作负载和数据部署在不同的云环境中。

混合云架构可以提供灵活性、安全性和成本效益的平衡。

混合云将私有云和公有云协同工作，从而提高用户跨云的资源利用率。

根据自身特点的不同，业务总体上可以分为稳态业务和敏态业务两类，分别适合部署在私有云和公有云中。

2. 云计算内部特征

云计算架构的一些重要的内部特征包括：虚拟化、弹性扩展、自动化管理、多租户支持、资源编排和管理。

3. 云计算外部特征

云计算架构的外部特征包括：可靠性和可用性、安全性、网络连接性、成本效益。

4. 云计算服务模式

（1）IaaS。

1）IaaS 即"基础设施即服务"，它提供了一种虚拟化的计算资源，如服务器、存储设备和网络设备等，用户可以通过云服务提供商租用这些资源来部署和管理应用程序。

2）IaaS 主要的用户是系统管理员。

3）IaaS 的优点包括：灵活性、可扩展性、高可用性和可靠性、成本效益。用户可以根据实际使用情况付费，避免了传统的硬件购买和维护的高昂成本。

4）IaaS 的适用场景包括：Web 应用程序部署、大规模数据处理、备份和灾难恢复。

5）IaaS 是一种灵活、可扩展、高可用性和成本效益高的云计算服务模式，适用于各种规模和行业的企业，可以帮助企业提高计算资源的利用率和管理水平。

（2）PaaS。

1）PaaS 即"平台即服务"，它提供了一种构建和部署应用程序的中间件平台，用户可以使用该平台上的基础设施和应用程序运行时环境来开发、测试、部署和管理应用程序。

2）PaaS 主要的用户是开发人员，它是把服务器平台作为一种服务提供的商业模式。

3）PaaS 的优点包括：灵活性、简化部署和管理、可扩展性、高可用性和可靠性。

4）PaaS 的适用场景包括：Web 应用程序开发、移动应用程序开发、物联网应用程序开发、大数据和人工智能应用程序开发。

5）PaaS 是一种灵活、简化部署和管理、可扩展、高可用性和可靠性的云计算服务模式，适用于各种类型的应用程序开发和管理。

（3）SaaS。

1）SaaS 即"软件即服务"，它将应用程序作为一种服务提供给用户，用户可以通过互联网访问和使用应用程序，而不需要在本地安装和配置软件。

2）SaaS 主要面对的是普通用户。

3）SaaS 的优点包括：方便性、可靠性、可扩展性、成本效益。

4）SaaS 的适用场景包括：办公软件、客户关系管理（Customer Relationship Management，CRM）、人力资源（Human Resources，HR）管理、供应链管理（Supply Chain Management，SCM）。

5）SaaS 是一种方便、可靠、可扩展和成本效益高的云计算服务模式，适用于各种规模和行业的企业，可以帮助企业提高工作效率和管理水平。

（4）FaaS。

1）FaaS 即"功能即服务"，它将应用程序的不同功能拆分成独立的、可复用的函数，并以服务的形式提供给用户。每个函数都是独立的，可以单独部署、运行和扩展，而不需要考虑整个应用程序的复杂性。

2）FaaS 的优点包括：灵活性、可伸缩性、可靠性、高效性。

3）FaaS 的适用场景包括：微服务架构、事件驱动架构、云原生应用。

4）FaaS 是一种高效、灵活、可扩展和可靠的云计算服务模式，适用于各种应用程序的开发和部署。

1.4.3 计算资源规划

1. 计算资源的形态

计算资源的形态有：虚拟机（Virtual Machine，VM）、容器（Container）、裸金属（Bare Metal）、图形处理单元（Graphics Processing Unit，GPU）、弹性计算资源（Elastic Compute Resource，ECR）。

2. 计算资源规划的范围

计算资源规划的范围包括：硬件资源规划、虚拟化、容器化、弹性扩展和负载均衡、容量规划和预测、资源管理和调度。

3. 常用的计算资源规划方法和技术

常用的计算资源规划方法和技术包括：容量规划、性能优化、负载均衡、弹性伸缩、虚拟化和容器化、自动化管理、云资源管理。

4. 关键步骤

计算资源规划的关键步骤包括：需求分析、容量规划、云服务选择、虚拟化策略、安全性考虑、成本效益分析、持续监控和维护。

1.4.4 存储资源规划

1. 存储资源规划的定义和范围

存储资源规划的定义和范围包括：存储类型选择、存储容量规划、数据备份和冗余、存储性能优化、数据安全和隔离、存储管理和调度。

2. 存储资源和技术

常见的存储资源和技术的类型如下：

- 直接附加存储（Direct Attached Storage，DAS）。DAS 是将存储设备直接连接到主机或服务器的存储方式。常见的 DAS 包括硬盘驱动器、固态硬盘和外部存储设备等。DAS 提供本地存储和高性能访问，适用于小型环境或需要高带宽和低延迟的应用。
- 网络附加存储（Network Attached Storage，NAS）。NAS 是通过网络连接提供存储服务的一种存储技术。NAS 设备作为独立的存储服务器，通过网络协议（如 NFS、CIFS/SMB）向客户端提供文件级别的访问。NAS 提供易于管理和共享的存储解决方案，适用于文件共享、备份和存档等场景。
- 存储区域网络（Storage Area Network，SAN）。SAN 是一种专用网络，将存储设备连接到服务器，提供块级别的存储访问。SAN 使用光纤通道（Fibre Channel）或以太网（iSCSI）等协议，为主机提供高性能的块级别存储。SAN 适用于对存储性能、可用性和扩展性要求较高的企业级应用。
- 对象存储（Object Storage）。对象存储是一种以对象为基本存储单元的存储技术，将数据和元数据组合成对象存储在分布式存储系统中。对象存储提供高可扩展性、可靠性和强大的元数据管理功能，适用于大规模数据存储、云存储和数据备份等场景。
- 云存储（Cloud Storage）。云存储是将数据存储在云服务提供商的存储设施中的一种存储方式。通过互联网连接，用户可以通过公有云或私有云访问和管理存储数据。云存储提供高度可扩展、弹性的存储解决方案，适用于数据备份、归档、共享和协作等需求。
- 分布式文件系统（Distributed File System）。分布式文件系统是一种将文件系统跨多个存储节点分布式管理的技术。它提供了高可用性、容错性和可扩展性，并支持文件共享和访问控制。分布式文件系统适用于大规模存储和分布式计算环境。
- 虚拟化存储（Virtualized Storage）。虚拟化存储是在物理存储设备上创建逻辑存储池，并将其分配给虚拟机或应用程序的一种技术。它提供了灵活的存储管理和资源利用，允许实现虚拟机迁移、存储快照和复制等功能。

3. 存储资源规划的一般步骤

存储资源规划一般步骤包括：收集需求、分析和评估存储需求、技术选择、架构设计、安全规划、容量规划、性能优化、管理和监控、定期评估和调整。

1.4.5 云数据中心规划

1. 云数据中心规划核心技术

（1）网络架构设计。

云数据中心对于网络有高带宽、低时延、高可靠性、高灵活性、低能耗的要求。

构建云数据中心网络需要具备以下要素：良好的可扩展性、多路径容错能力、低时延、高带宽网络传输能力、模块化设计、网络扁平化、绿色节能。

（2）网络融合技术。光纤以太网通道技术、数据中心桥接技术及多链接透明互连技术等。

（3）网络性能测试。

1）在不同层次上都有各自对应的不同的测试指标：

- 网络层测试指标主要有连通性、带宽、时延和丢包率。
- 传输层测试指标主要有丢包率、吞吐量和连接数。
- 应用层测试指标主要有页面丢失率、应答延迟和吞吐量。

2）网络性能测试一般是利用 ICMP 和 TCP 等网络协议开展测试，主要有主动测试、被动测试以及主动、被动这两种测试相结合的测试方法。

- 主动测试只需要把测试工具部署在测试源端上，由监测者主动发送探测流去监测网络设备的运行情况，通过从网络的反馈中观察、分析探测流的行为来评估网络性能，从而得到需要的信息。
- 被动测试是指在链路或路由器等设备上对网络进行监测，为了解网络设备的运行情况，监测者需要被动地采集网络中现有的标志性数据。

主动测试比较适合端到端的时延、丢包以及时延变化等参数的测量，而被动测试则更适合路径吞吐量等流量参数的测试。

（4）虚拟化技术。

1）虚拟化技术层次。计算机系统包括 5 个抽象层：硬件抽象层、指令集架构层、操作系统层、库函数层和应用程序层。虚拟化可以在每个抽象层中实现。

2）常用虚拟化技术。常用虚拟化技术有：硬件仿真技术、全虚拟化技术、半虚拟化技术、硬件辅助虚拟化技术。

（5）安全技术。云计算数据中心安全体系应包括安全策略、安全标准规范、安全防范技术、安全管理保障、安全服务支持体系等多个部分。安全体系贯穿云计算数据中心安全的各个环节。

（6）节能技术。PUE（Power Usage Effectiveness）是评价数据中心能源效率的指标，是数据中心消耗的所有能源与 IT 负载使用的能源之比。计算公式为

PUE=数据中心的总用电量（Total Facility Power）/IT 设备的总用电量（IT Equipment Power）

PUE 的值越接近 1，表示一个数据中心的绿色化程度越高。在固定 IT 设备不变的条件下，其能耗主要由承载的业务负荷值决定。

2．云数据中心规划与建设

数据中心根据其使用的独立性可划分为自用型数据中心与商业化数据中心。

根据《数据中心设计规范》（GB 50174），数据中心分级的原则是由机房的使用性质、管理要求及重要数据丢失或网络中断对经济或社会造成的损失或影响程度确定的，从高到低分为 A、B、C 三级。国际分级依据 TIA-942《数据中心电信基础设施标准》中，数据中心分级的原则是可用性，从高到低分为 T4、T3、T2、T1 四级。

（1）功能定位。数据中心的功能定位具体表现为：城市数据中心向实时性和弹性化发展、边缘数据中心实现计算能力下沉、数据中心和网络建设协同布局、试点探索建设国际化数据中心。

（2）建设项目分类。建设项目分类主要包括：建筑工程、机房空调与配电工程、供电系统工程、机房工艺工程等方面。

1.5 网络环境规划论文重要知识点

1.5.1 网络规划常见网络拓扑结构

（1）星形/双星形网络拓扑。星形网络拓扑如图1-4（a）所示，星形网也称为辐射网，它将一个节点作为辐射点（转接交换中心），该点与其他节点均有线路相连。与后面提到的网状网络拓扑相比，星形网的传输链路少、线路利用率高，经济性较好，但安全性较差（因为中心节点是全网可靠性的瓶颈，中心节点一旦出现故障会造成全网瘫痪）。

（2）环形网络拓扑。环形网络拓扑如图1-4（b）所示，各节点通过环路接口进行首尾相连组成环形网络，环形网的特点是结构简单，实现容易。

（3）树状网络拓扑。树状网络拓扑如图1-4（c）所示。树状网可以看成星形拓扑结构的扩展。在树状网中，节点按层次进行连接，信息交换主要在上下节点之间进行。树状结构主要用于用户接入网或用户线路网中。

（4）网状网络拓扑。各节点之间进行全互连或者部分互连，可组成网状网络结构，如图5-1（d）所示，当节点数增加时，传输链路将迅速增加。这种网络结构的冗余度较大，稳定性较好，但线路利用率不高，经济性较差，适用于局间业务量较大或分局量较少的情况。

（5）总线网络拓扑如图1-4（e）所示，所有节点都连接在一个公共传输通道——总线上。这种网络结构需要的传输链路少，增减节点比较方便，但稳定性较差，网络范围也受到限制。

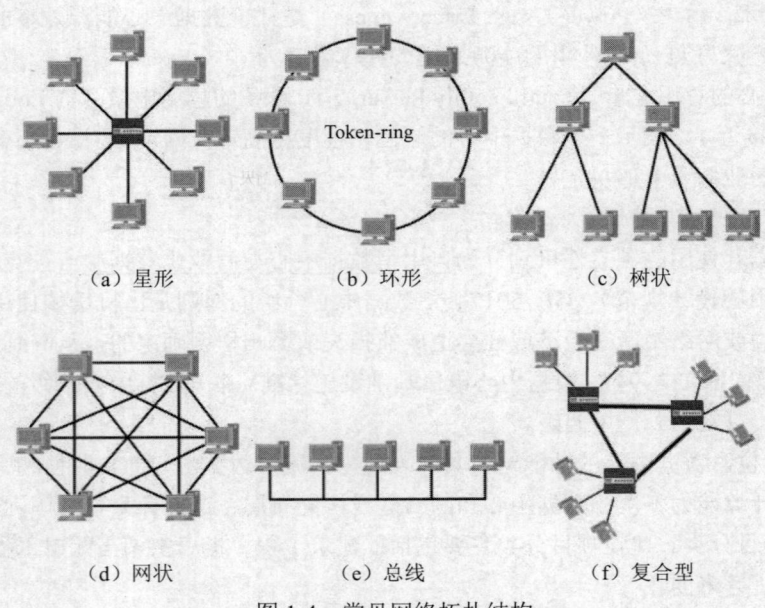

图1-4 常见网络拓扑结构

网孔形结构是网状结构的一种变形，其大部分节点相互之间有线路直接相连，一小部分节点可能与其他节点之间没有线路直接相连，哪些节点之间不需直达线路视具体情况而定（一般是这些节点之间业务量相对较少）。网孔形结构与网状结构相比，可适当节省一些线路，即线路利用率有所提高，经济性有所改善，但稳定性会稍有降低。

（6）复合型/层级型。复合型网络拓扑如图1-4（f）所示。复合型网由网状结构和星形结构复合而成。复合型网具有网状结构和星形结构的优点，是通信网中普遍采用的一种网络结构，但网络设计应以交换设备和传输链路的总费用最小为原则。

1.5.2　广域网规划

1. 广域网一般架构

典型的城域网一般由核心层、汇聚层和接入层三层架构组成。

（1）核心层部署核心路由器设备，提供本城域网的互联网出口，与省级骨干网相连，同时作为本城域内的IDC、CDN等中心节点的接入。

（2）汇聚层部署汇聚交换机设备，作为本城域网的区域性汇接点，上联核心层设备，下接光纤线路终端（Optical Line Terminal，OLT）等接入设备，同时作为各类边缘IDC节点、边缘计算节点的接入。

（3）接入层面向各类园区、楼宇、住宅小区等商业、家庭和个人用户，提供各种有线、无线接入方式。

2. 广域网主要技术

当前广域网技术主要集中在TCP/IP领域，以及基于TCP/IP的多协议标记交换（Multi-Protocol Label Switching，MPLS）技术、虚拟专用网络（Virtual Private Network，VPN）技术等。

VPN，指通过VPN技术在运营商等公有网络中构建专用的虚拟网络，主要用于将企业的分支机构网络通过城域网和广域网实现互连，或个人用户终端通过VPN接入远程的企业网络。实现VPN的关键技术包括隧道（Tunneling）技术、认证协议、密钥交换技术等。

3. 广域网规划的主要内容

广域网规划的主要内容包括建设背景、需求分析、项目预算、技术方向、网络拓扑结构设计、IP地址等逻辑资源规划等。

（1）建设背景。客户发起网络规划建设的原因和目标。

（2）需求分析。客户发起网络规划建设的总体需求。

（3）项目预算。项目预算包括设备费用、承载/线路建设或租用费用、配套设施费用、建设成本、运维成本、优化成本等。

（4）技术方向。需要与客户沟通确定大的技术方向和技术路线。

（5）网络拓扑结构设计。网络拓扑结构设计包括物理网络设计和逻辑网络设计。

（6）IP地址等逻辑资源规划。IP地址等逻辑资源规划包括IPv4地址、IPv6地址的规划。还要重点关注二层VLAN、大二层VXLAN的具体规划等。

1.5.3 局域网架构

1. 局域网一般架构

局域网一般由计算机设备、网络连接设备、网络传输介质三大部分构成。

大型、大中型的局域网一般会采用多层级结构，考虑到层级过多会带来转发时延加大等因素，通常仍采用典型的三层结构，包括核心层、汇聚层、接入层。

一般中型的局域网可采取核心层－汇聚层的二层结构，更小规模的局域网可采取简单的星形结构组网。

2. 局域网主要技术

虚拟局域网（VLAN），将局域网设备从逻辑上划分成一个个虚拟网段（更小的局域网），从而实现局域网内虚拟工作组（单元）的数据交换技术。

VLAN 划分方法大致有 6 类：①按照端口划分 VLAN；②按照 MAC 地址划分 VLAN；③基于网络层协议划分 VLAN；④根据 IP 组播划分 VLAN；⑤按策略划分 VLAN；⑥按用户定义、非用户授权划分 VLAN。

3. 局域网规划重点关注的内容

局域网的规划与广域网的规划内容类似，除此以外，还应重点关注 VLAN 划分、VLAN 编号、VLAN 间路由设计、生成树协议（Spanning Tree Protocol，STP）设计与动态主机配置协议（Dynamic Host Configuration Protocol，DHCP）设计等。

1.5.4 无线网规划

1. 5G 移动通信技术

（1）国际电信联盟（ITU）定义了 5G 的三大类应用场景：

增强移动宽带（enhanced Mobile Broad Band，eMBB）：主要面向移动互联网流量爆炸式增长，为移动互联网用户提供更加极致的应用体验。

超高可靠低时延通信（ultra Reliable Low Latency Communication，uRLLC）：主要面向工业控制、远程医疗、自动驾驶等对时延和可靠性具有极高要求的垂直行业应用需求。

海量机器类通信（massive Machine Type Communication，mMTC）：主要面向智慧城市、智能家居、环境监测等以传感和数据采集为目标的应用需求。

（2）5G 系统网络架构。5G 系统采用总线式的微服务架构，将大型服务分解为若干个小型独立的服务，每个服务可以独立运行、扩展、开发和演化。

2. NB-IoT 等专用无线通信网络技术

根据信息传输距离的远近程度，无线通信技术可分为短距离无线传输技术和广域无线传输技术。

（1）短距离无线传输技术包括两大类：一类是以 Wi-Fi 和蓝牙等为代表的高速率短距离传输技术，主要应用于智能家居和可穿戴设备等场景；另一类是以 ZigBee 为代表的低功耗、低速率的近距离传输技术，主要应用于低速近距离人机交互、数据采集等场景。

（2）广域无线传输技术中，窄带物联网（Narrow Band Internet of Things，NB-IoT）技术属于授权频谱技术，使用半双工通信，具有覆盖广、连接多、速率快、成本低、耗电少等特点，广域无线传输技术还包括高功耗、高速率的蜂窝通信技术，主要应用于导航与定位、视频监控等实时性要求较高的大流量传输场景。

3. 无线局域网技术

无线接入点分为瘦 AP 和胖 AP。

（1）瘦 AP 需要通过专门的无线控制器（Access Controller，AC）进行集中式管理，常用于需要部署大量 AP 且难以对各个 AP 进行一一管理和维护的大型无线局域网环境。

（2）胖 AP 则自带管理平面，管理员可以登录到胖 AP 上直接对其进行管理和维护。

4. 无线网规划重点关注的内容

无线网种类繁多，专业性强，与广域网、局域网的规划内容类似。除此以外，还应重点关注无线频率规划、无线传输覆盖范围规划、无线传输容量规划、无线基站站址规划与无线组网规划等。

1.5.5 网络整体规划

1. 网络管理和维护功能设计

（1）网络管理五大功能：故障管理、配置管理、性能管理、计费管理、安全管理。

（2）网络管理系统的功能体系结构由下至上依次为网元/网络层、管理应用层和表示层。

2. 网络安全关注的重点

- 网络结构，包括网络结构合理性、安全域划分合理性等。
- 访问控制，包括网络边界是否部署访问控制设备，是否制定了用户和系统之间的允许访问规则，访问控制策略和粒度是否合理等。
- 网络入侵防护，包括拒绝服务攻击的监控和防御能力，对端口扫描、IP 碎片攻击、网络蠕虫等网络攻击的监控能力等。
- 网络安全审计，包括对网络设备运行状况、网络流量、用户行为等进行日志审计的能力等。

3. 网络安全的设备和手段

- 通过防火墙可以实现系统内外网边界的访问控制，对进出的网络数据包进行过滤和检测，并可实现对网络层分布式拒绝服务（Distributed Denial of Service，DDoS）攻击的防御功能。
- 利用 VLAN 等技术进行安全域划分，按照不同功能、级别、安全要求等对网络系统划分不同的安全域。
- 网络入侵检测和防护主要通过入侵检测系统/入侵防御系统（Intrusion Detection System，Intrusion Prevention System，IDS/IPS）安全设备进行，通过部署 IDS/IPS，能够对已知的网络攻击进行监控和报警。

- 网络安全审计主要通过统一日志管理系统或安全运营中心（Security Operations Center，SOC）进行，通过部署 SOC 系统或统一的日志服务器，能够对网络安全日志进行统一管理和分析。

4. 安全管理的重点内容
- 安全组织和责任，包括建立安全工作组织架构，设置安全分管领导和安全管理专员，明确人员的安全责任等。
- 风险管理工作机制，包括实施定期的安全评估、漏洞管理、安全加固、残余风险评价等工作。
- 应急处理工作机制，包括安全风险监控、定期安全通告、安全紧急事件处理措施等。
- 容灾备份工作机制，包括制定完善的灾难恢复方案并制订定期的灾难恢复演练计划等。
- 制定系统上线、切换办法及安全运维方案等。

5. 机房建设

机房建设包括机房装修、空调系统、电气系统、接地和防雷系统、消防系统、环境监控系统、节能降耗系统等。

6. 监控系统

典型的机房监控功能系统（子系统）包括：机房动力环境系统监测、机房网络设备监控、机房监控门禁监控、机房环境消防监控、统一运维管理平台。

1.6 数据资源规划论文重要知识点

1.6.1 数据资源规划的方法

1. 数据资源规划方法适用场景和特点

数据资源规划方法适用场景和特点见表 1-3。

表 1-3 数据资源规划方法适用场景和特点

方法	适用场景	优点	缺点
基于稳定信息过程的方法	适用于业务场景相对固定，前期数据积累较少的情况	理论成熟、易理解、实现难度不大	步骤繁杂、涉及因素多、数据稳定性较差
基于稳定信息结构的方法	适用于业务场景经常变化，前期数据积累较多的情况	理论较成熟、实施周期较短、数据稳定性好	全局设计后置、初期工作量大、并行工作组织难度大
基于指标能力的方法	适用于业务场景涉及决策，前期数据积累较少的情况	直接支撑决策需求、设计思路清晰、数据稳定性好	实现案例少、实施难度大、对设计人员要求高

2. 基于稳定信息过程的方法

数据资源规划方法：可以概括为两条主线、三种模型、一套标准。

其核心步骤包括：定义职能域、各职能域业务分析、各职能域数据分析、建立领域的数据资源管理基础标准、建立信息系统功能模型、建立信息系统数据模型、建立关联模型。

（1）可行性分析。数据资源规划的可行性，至少应从资源可行性、操作可行性、技术可行性三个方面进行研究。

（2）确定目标和范围。这个阶段的工作是后续工作的基础，应尽量避免规划的范围过宽、面面俱到，结果造成规划工作量过大，严重影响数据资源建设的进度和质量；还要避免规划的范围过窄，导致在数据资源建设过程中才发现大量内容没有有效规划，从而失去了数据资源规划的实际意义。

（3）准备。准备阶段的主要工作包括：组建数据资源规划小组、确定总体设计的技术路线、人员培训。

（4）业务活动研究。充分地分析和研究这些业务活动，是数据资源规划的前提和基础。

详细研究当前的业务活动能够帮助数据资源规划人员捕获这些细节，并正确理解所要规划的数据到底是什么。

（5）建立业务逻辑模型。建立逻辑模型的图形化工具有数据流图、实体-联系图、状态转换图、用例图、业务功能的层次结构图等，这些图形化工具通过不同的角度准确反映了当前业务的功能和活动。

（6）导出并建立数据模型。建立业务逻辑模型的目的不仅仅是反映将来信息系统的功能，更主要的是能够反映数据资源建设的需求，以便进行统一的、一致的数据资源规划和设计，这就需要建立数据模型。

（7）建立管理标准。规划小组成员讨论并提出全域数据分类编码体系表；根据体系表和编码目录，结合主题数据库设计的要求，从数据元素库中提取全部可供信息编码的数据元素，填入各类信息编码的码表，逐一进行编码，并编写其编码原则和编码说明。属于程序标记类的编码可在应用开发时再做；一些码表内容非常庞大的信息编码，可另组队伍专门开发。完成后应组织专家评审。

（8）设计主题数据库。设计主题数据库是数据资源规划非常重要的一步工作。一般而言，采用自顶向下规划和自底向上设计的数据资源规划方法来设计主题数据库。

（9）数据的分布分析。数据的分布分析要充分考虑业务数据的发生和处理地点，权衡集中式数据存储和分布式数据存储的利弊，还要考虑数据的安全性、保密性，以及系统的运行效率和用户的特殊要求等。

（10）制定方案。将前面步骤中形成的业务逻辑模型、数据模型、资源编码标准体系、主题数据库设计方案、数据分布分析方案整合形成整体数据资源规划方案，以便后续信息系统建设和数据工程建设参考分析。

（11）审核、评价方案。邀请部门领导、用户和领域专家共同分析、评估数据资源规划方案，分别从经济可行性、技术可行性和操作可行性等方面再细致地进行分析研究，以确保该数据资源规划方案确实能解决用户问题、提高业务部门信息化的管理效率和水平，并对该数据资源规划方案给出结论性意见。

3. 基于稳定信息结构的方法

基于稳定信息结构的数据资源规划方法有 5 个步骤：①确定目标与系统边界；②获取初始数据集；③建立核心数据集；④完善目标数据集；⑤建立信息模型。其中，任一步骤都可返回前面的任一步骤，它是一个循环过程，如图 1-5 所示。

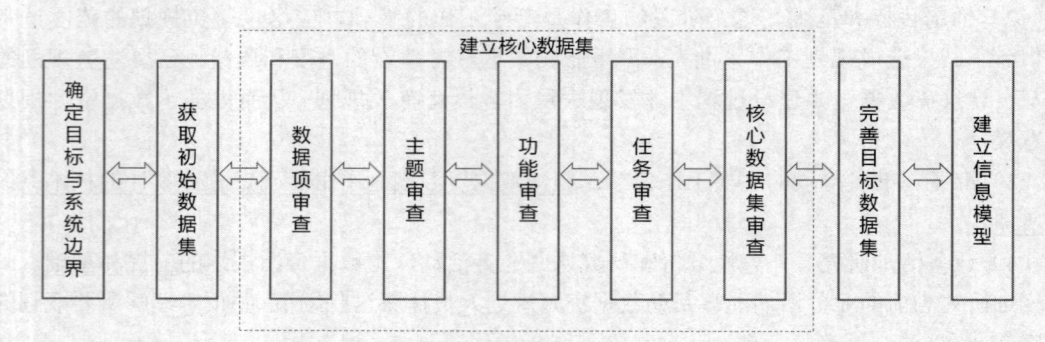

图 1-5 基于稳定信息结构的数据资源规划步骤

（1）获取初始数据集。初始数据集的收集应尽可能全，防止有用信息的丢失。

数据收集工作和后面的数据分析工作在实际工作中一般是交替进行的，数据收集常伴以分析，而数据分析又常需要补充收集数据。初始数据集具有包罗万象、关系不明、冗余度较大、数据的来源和目的并不明确、不规范等特征，这些都是在后续的分析过程中重点解决的问题。

（2）建立核心数据集。建立核心数据集的过程是去粗取精、去伪存真、由此及彼、由表及里的分析过程，需要经过数据项审查、主题审查、功能审查、任务审查和核心数据集审查（与目标及功能的对比）等步骤。其中，后四个步骤中发现问题（主要是完整性问题）时还要返回前面若干步骤。

（3）完善目标数据集。完善目标数据集的过程是用户需求的实现过程，也是对核心数据集的检验过程。

（4）建立信息模型。信息模型的建立过程是根据数据之间的逻辑关系，找出信息的逻辑流程的过程，也是用这些过程联结各数据集合的过程。信息模型抽象地反映了组织运作过程中信息的流动过程，也就是数据资源规划的结果和归宿。

信息模型代表了组织（用户）的信息需求。也就是说，信息系统相关的设备、人员与组织机构及其相应的制度设计都是为满足组织信息需求服务的。

4. 基于指标能力的方法

基于指标能力的数据资源规划方法不需要关心具体的业务流程，也不需要收集大量的初始数据集。具体步骤主要包括：决策评估收集、支撑指标分析、指标体系构建、建立指标数据模型并分析数据集、数据子集融合、核心数据集一致性检验、核心数据集评价，通过审核评价的数据形成核心数据集，最后围绕决策分析需求，按需完善目标数据集，形成可以完全支撑目标应用需要的数据集，如图 1-6 所示。

决策评估收集 ⇒ 支撑指标分析 ⇒ 指标体系构建 ⇒ 指标数据模型 ⇒ 数据子集融合 ⇒ 核心数据集一致性检验 ⇒ 核心数据集评价 ⇒ 完善目标数据集 ⇒ 完成数据资源规划

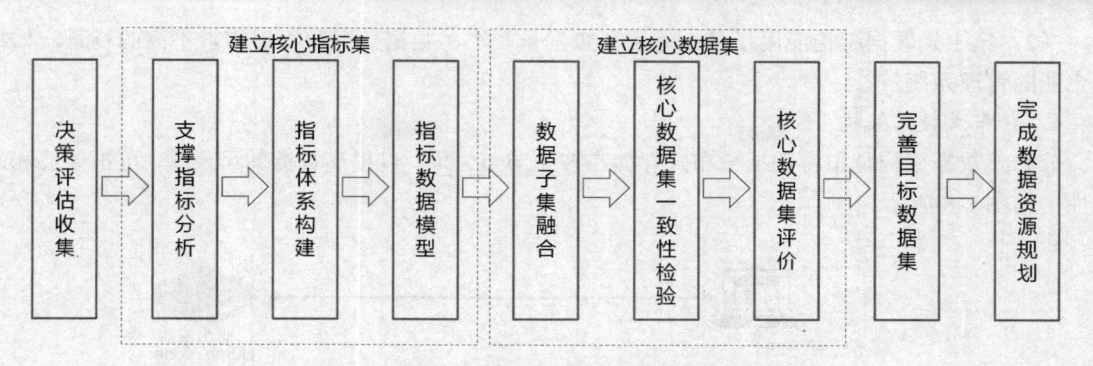

（建立核心指标集；建立核心数据集）

图 1-6　基于指标能力的数据资源规划步骤

1.6.2　数据架构

1. 数据模型

企业概念模型是由主题域模型组合构建的。每个企业数据模型既可以采用自上而下，也可以采用自下而上的方法进行构建。

主题域的识别准则必须在整个企业模型中保持一致。常用的主题域识别准则包括：使用规范化规则，从系统组合中分离主题域，基于顶级流程（业务价值链）或者基于业务能力（企业架构）从数据治理结构和数据所有权（或组织）中形成主题领域。

2. 数据流设计

数据流的表现形式多样，其中二维矩阵和数据流图是两种常见的方式。

- 矩阵方法能够清晰地展示数据的创建和使用过程，特别适用于复杂的数据使用场景。
- 数据流图是一种比较简单直观的方式，可以进一步扩展为更细层级的数据流图。

3. 集中式数据架构

集中式数据架构是指将企业数据集中存储和管理在一个中央数据仓库中，通过控制权和数据规则来实现数据一致性、数据保护和数据准确性的数据管理方式，如图 1-7 所示。

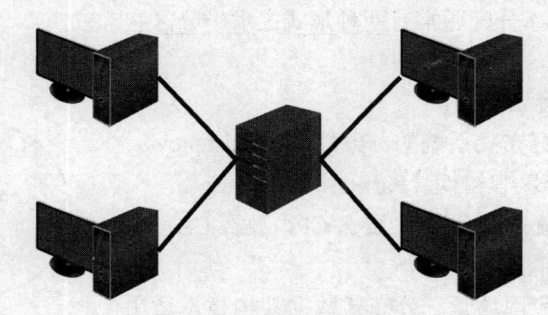

图 1-7　集中式数据架构

（1）集中式数据架构的特点：数据集中存储；数据处理集中；数据安全性高。

（2）集中式数据架构应用场景：适用于数据量较小、数据处理和管理需求不高的场景，如小型企业的管理系统。

4. 分布式数据架构

分布式数据架构是指将数据分布式存储在<u>多个节点之间</u>，以提高数据的可靠性、可扩展性和高效性，如图1-8所示。

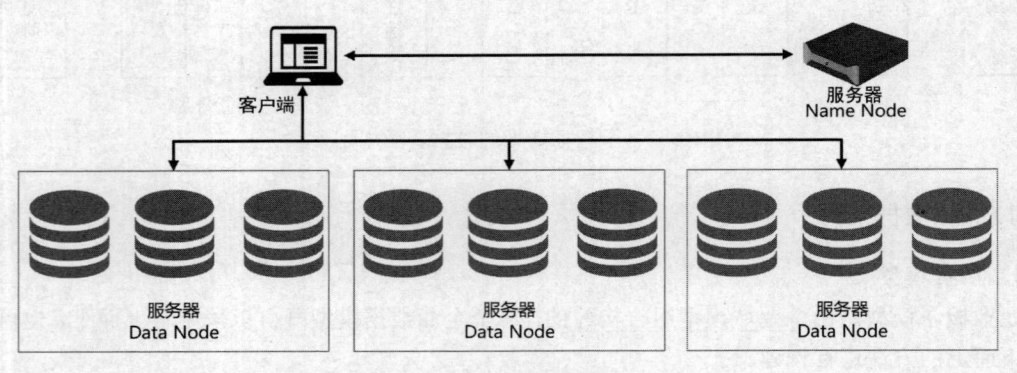

图1-8 分布式数据架构

（1）分布式数据库与存储系统。分布式数据库就是用<u>分布式架构实现的数据库</u>，它将数据分成多个分片，并将分片存储在多个服务器上，每个服务器都具有完整的数据库系统。在分布式数据库下，分为<u>计算层、元数据层和存储层</u>。

（2）数据库分区与分片技术。数据库分片（Sharding）和分区（Partitioning）可以<u>提高数据库的性能、可扩展性和可靠性</u>。

<u>数据库分片</u>可以处理的数据量更大，因为每个实例只需要处理部分数据，可以提高数据库的处理能力和吞吐量。

<u>数据库分区</u>则可以提高查询效率和管理数据的灵活性，因为每个分区可以独立进行查询和维护，可以根据数据的特点制定不同的分区策略。数据库分区通常有<u>两种形式：水平分区和垂直分区</u>。

（3）数据一致性与容错机制。

1）CAP 指的是一个分布式系统的一致性（Consistency）、可用性（Availability）、分区容错性（Partition Tolerance）。

2）CAP 原则的精髓就是要么 AP，要么 CP，要么 CA，但是不存在 CAP，示意图如图1-9所示。

3）分布式数据架构应用场景。分布式数据架构技术适用于数据量较大、数据处理和管理需求较高的场景，如大型企业的管理系统。

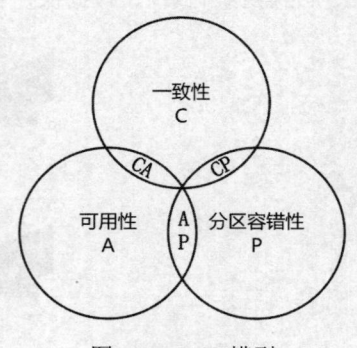

图1-9 CAP 模型

5. 数据湖架构

（1）数据湖的<u>主要特点</u>包括：<u>储存原始数据、无模式或灵活模式、可扩展、实时数据处理、海量数据处理、数据多样性。</u>

（2）数据湖<u>架构与技术组件。</u>数据湖通常采用基于云的解决方案，包括以下<u>关键组件：存储层、数据管理工具、数据治理工具、数据查询和分析工具、数据可视化工具、流数据处理工具、机器学习和人工智能工具。</u>

（3）数据湖治理的<u>常见初始步骤包括：</u>

- 记录管理数据湖的业务案例，包括数据质量指标和其他衡量管理工作收益的方法。
- 寻找高管或业务发起人，以帮助为治理工作获得批准和资金支持。
- 如果你还没有适当的数据治理架构，请创建一个架构。
- 与治理委员会合作，为数据湖环境制定数据标准和治理政策。

6. 云原生数据架构

云原生数据架构充分利用云计算和容器化技术，并采用灵活的微服务体系结构，以达到高可扩展性、高可用性、高安全性、高性能和高效率的目标。云原生数据架构通常包括各种云原生组件和工具。

7. 实时数据架构

（1）整个实时数据体系架构分为五层，分别是<u>接入层、存储层、计算层、平台层和应用层</u>，如图 1-10 所示。

图 1-10　实时数据体系架构

- 接入层。该层利用各种数据接入工具收集各个系统的数据。

- 存储层。该层对原始数据、清洗关联后的明细数据进行存储。
- 计算层。计算层主要使用 Flink、Spark、Presto 以及 ClickHouse 自带的计算能力等四种计算引擎。
- 平台层。在平台层主要做三个方面的工作，分别是对外提供统一查询服务、元数据及指标管理、数据质量及血缘。
- 应用层。以统一查询服务对各个业务线数据场景进行支持，业务主要包括实时大屏、实时数据产品、实时 OLAP、实时特征等。

（2）实时数据架构一般有 Lambda 架构和 Kappa 架构两种。
- Lambda 的数据通道分为两条分支：实时流和离线。实时流依照流式架构，保障了其实时性；而离线则以批处理方式为主，保障了最终一致性。Lambda 架构总共由三层系统组成，即批处理层（Batch Layer）、速度处理层（Speed Layer），以及用于响应查询的服务层（Serving Layer）。
- Kappa 架构在 Lambda 的基础上进行了优化，将实时和流部分进行了合并，将数据通道用消息队列替代。Kappa 架构解决了 Lambda 架构需要维护两套分别跑在批处理和实时计算系统上面的代码的问题，全程用流系统处理全量数据。

8. 数据应用架构

（1）微服务与数据应用架构。微服务是一个软件架构模式，通过开发一系列小型服务的方式来实现一个应用。实施微服务架构可以使组织更快地将其应用程序推向市场，微服务方法在扩展应用程序时也提供了灵活性。

（2）数据 API 与数据服务。API 数据接口服务的基础是 API，也称应用程序编程接口，它是一套接口规范，用于应用程序之间的交流和数据共享。

通过 API，开发人员可以在应用程序中访问和操作数据，而无须了解数据存储的实现细节，从而实现快速开发和部署。

1.6.3 数据标准化

数据标准化的内容：包括<u>建立数据标准体系、元数据标准化、数据元标准化和数据分类与编码标准化</u>等。

1. 建立数据标准体系

（1）指导标准：与标准的制定、应用和理解等方面相关的标准。

（2）通用标准：数据共享活动中具有共性的相关标准。

1）数据类标准：元数据、分类与编码、数据内容等方面的标准。

2）服务类标准：是提供数据共享服务的相关标准的总称，包括数据发现服务、数据访问服务、数据表示服务和数据操作服务。

3）管理与建设类标准：用于指导系统的建设，规范系统的运行。

（3）专用标准：根据通用标准制定出来的<u>满足特定领域</u>数据共享需求的标准，重点是反映具体领域数据特点的数据类标准。

2. 元数据标准化

元数据的结构包括<u>内容结构</u>、<u>句法结构</u>和<u>语义结构</u>。

（1）内容结构。指对元数据的构成元素及其定义标准进行描述。

（2）句法结构。指元数据格式结构及其描述方式，即元数据在计算机应用系统中的表示方法和相应的描述规则。

（3）语义结构。定义了元数据元素的具体描述方法，也就是定义描述时所采用的共用标准、最佳实践或自定义的语义描述要求。

3. 数据元标准化

数据元一般由<u>对象类</u>、<u>特性</u>和<u>表示</u>三部分组成。

（1）数据元的命名规则。

1）语义规则：规定数据元名称的组成成分，使名称的含义能够准确地传达。

2）句法规则：规定数据元名称各组成成分的组合方式。

3）唯一性规则：为防止出现同名异义现象，在同一个相关环境中所有数据元名称应该是唯一的。

（2）数据元定义的编写规范。数据元定义的编写应遵守以下<u>几项规范</u>：具有唯一性、准确而不含糊、阐述概念的基本含义、用描述性的短语或句子阐述、简练、能单独成立、相关定义使用相同的术语和一致的逻辑结构。

（3）数据元的表示格式和值域。数据元不仅描述了数据的含义及相互关系，还包括数据的存储类型、数据的表达方式、取值的约束规则等内容，这就是数据元的表示。数据元的表示主要包括数据类型、数据表示和值域。

4. 数据分类与编码标准化

（1）<u>数据分类</u>的基本原则：稳定性、系统性、可扩充性、综合实用性、兼容性。

（2）<u>数据编码</u>的基本原则：遵循唯一性、匹配性、可扩充性、简洁性等。

1.6.4 数据管理

1. 数据治理

数据治理活动包括：

（1）规划组织的数据治理。

（2）制定数据治理战略。

（3）实施数据治理。

（4）嵌入数据治理。

2. 数据质量

数据质量活动包括：

（1）定义高质量数据。

（2）定义数据质量战略。

（3）识别关键数据和业务规则。
（4）执行初始数据质量评估。
（5）识别改进方向并确定优先排序。
（6）定义数据质量改进目标。
（7）开发和部署数据质量操作。

3. 数据安全

数据安全包括：安全策略和过程的规划、建立与执行，为数据和信息资产提供正确的身份验证、授权、访问和审计。

数据安全活动包括：识别数据安全需求、制定数据安全制度、定义数据安全细则、评估当前安全风险、实施控制和规程。

1.7 信息安全规划论文重要知识点

1.7.1 信息安全架构

1. 信息安全架构的定义与范围

通常的系统安全架构、安全技术体系架构和审计架构可组成三道安全防线。

（1）系统安全架构：指构建信息系统安全质量属性的主要组成部分以及它们之间的关系。

（2）安全技术体系架构：指构建安全技术体系的主要组成部分以及它们之间的关系。

（3）审计架构：指独立的审计部门或其所能提供的风险发现能力，审计的范围主要包括安全风险在内的所有风险。

2. 商业应用安全架构——SABSA

（1）六层模型。SABSA通过六层模型提供了6种视图，分别对应6种安全架构，对应关系如下：

业务视图-情境安全架构；架构视图-概念安全架构；设计视图-逻辑安全架构；构建视图-物理安全架构；实施视图-组件安全架构；服务管理视图-安全服务管理架构。

在每一层次都要回答 5W1H：确定安全架构要保护的资产（What）；确定应用安全性的动机（Why）；确定实现安全性所需的流程和功能（How）；确定安全架构的人员和组织（Who）；确定应用安全性的位置（Where）；确定与时间相关的安全事项（When）。

（2）SABSA矩阵。SABSA生命周期包括战略与规划活动、设计活动、实施活动和管理与衡量活动。其中，设计活动包含逻辑、物理、组件和服务管理架构的设计。

3. 信息系统安全保障模型

国家标准GB/T 20274.1《信息安全技术 信息系统安全保障评估框架 第1部分：简介和一般模型》中的模型包含保障要素、生命周期和能力成熟度三个维度，如图1-11所示。

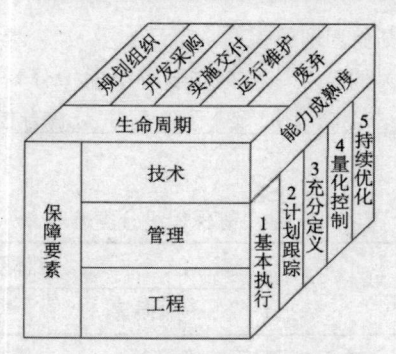

图 1-11 信息系统安全保障模型

（1）安全保障要素：工程、技术、管理等要素。
（2）生命周期包括：规划组织、开发采购、实施交付、运行维护和废弃五个阶段。
（3）安全能力成熟度等级划分为<u>五个等级</u>从低到高依次为：
- 基本执行级：特征为随机、被动地实现基本实践，依赖个人经验，无法复制。
- 计划跟踪级：特征为主动地实现基本实践的计划与执行，但没有形成体系化。
- 充分定义级：特征为基本实践的规范定义与执行。
- 量化控制级：特征为建立了量化目标，基本实践的实现能进行度量与预测。
- 持续优化级：特征为能根据组织的整体目标，不断改进和优化实现基本实践。

1.7.2 信息安全规划的主要内容

1. 信息安全组织体系规划

（1）信息安全组织体系是决策规划、统筹管理、落实执行、监督检查信息安全相关工作的基础，是相关工作得到有效落实和推动的强力保障。
（2）信息安全组织架构需明确各类安全组织、安全角色的定位、相互间关系和职能。
（3）通用的信息安全组织框架至少应包括：
- 最高管理层：治理者和执行管理者。
- 协调机构：最高管理层和各个部门的负责人。
- 内部组织：主管部门与配合部门。
- 外部联系：组织应该与诸多外部组织保持固定的联系，如消防部门、信息安全专业组织、政府与地方监管部门。

2. 信息安全管理体系规划

（1）ISO/IEC 27001 是信息安全管理体系的<u>规范性标准</u>，该信息安全管理体系着眼于组织的整体业务风险，通过对业务进行风险评估来建立、实施、运行、监视、评审、保持和改进其信息安全管理体系，确保信息资产的保密性、可用性和完整性。

（2）基于等级保护的信息安全管理体系。

1）等级保护（简称"等保"）的定义。信息安全等级保护分为五个级别，从第一级到第五级分别是：<u>自主保护级、指导保护级、监督保护级、强制保护级和专控保护级</u>。

等保等级分类表见表1-4。

表1-4 等保等级分类表

受到侵害的客体	客体受到侵害的程度		
	一般损害	严重损害	特别严重损害
公民、法人和其他组织的合法权益	第一级	第二级	第三级
社会秩序和公共利益	第二级	第三级	第四级
国家安全	第三级	第四级	第五级

2）等保基本框架。

等保充分体现了"一个中心，三重防御"的思想，"一个中心"指"安全管理中心"，"<u>三重防御</u>"指"安全计算环境、安全区域边界、安全网络通信"，等保2.0强化可信计算安全技术要求。

<u>等保基本框架</u>包括技术要求和管理要求。其中技术要求包括安全物理环境、安全计算环境、安全区域边界、安全网络通信和安全管理中心；管理要求包括安全管理制度、安全管理机制、安全管理人员、安全建设管理、安全运维管理。

3）等保的<u>实施方法</u>。

- 安全定级。对系统进行安全等级的确定。
- 基本安全要求分析。对应安全等级划分标准，分析、检查系统的基本安全要求。
- 系统特定安全要求分析。根据系统的重要性、涉密程度及具体应用情况，分析系统特定安全要求。
- 风险评估。分析和评估系统所面临的安全风险。
- 改进和选择安全措施。根据系统安全级别的保护要求和风险分析的结果，改进现有安全保护措施，选择新的安全保护措施。
- 实施安全保护。

3. 信息安全技术体系规划

信息安全技术体系规划包括<u>身份认证、访问控制、入侵检测、防火墙、网闸、防病毒、数据加密技术</u>等。

（1）常见身份认证的措施：虚拟身份电子标识、静态密码、智能卡、短信密码、动态口令、USBKey、生物识别、双因素认证+有动态口令牌+静态密码、USBKey+静态密码、二层静态密码、Infogo认证、虹膜认证。

（2）访问控制：

- 自主访问控制（DAC）是由客体的所有者来定义访问控制规则。

- 基于角色的访问控制（Role-BAC）先将主体划分为不同的角色，再对每个角色的权限进行定义。
- 基于规则的访问控制（Rule-BAC）通过制定某种规则，将主体、请求和客体的信息结合起来进行判定。
- 强制访问控制（MAC）是基于主体和客体的安全级别标签的访问控制策略。

（3）入侵检测：入侵检测系统是依照一定的安全策略，通过软硬件对网络、系统的运行状况进行监视，尽可能发现各种攻击企图、攻击行为或攻击结果，以保证网络系统资源的机密性、完整性和可用性。入侵检测可以分为实时入侵检测和事后入侵检测两种。

（4）防火墙。防火墙是在内网和外部网之间、专用网与公共网之间的保护屏障，能及时发现并处理计算机网络运行时潜在的安全风险、数据传输风险等问题，同时可以对计算机网络安全中的各项操作进行记录与检测，以确保计算机网络正常运行。防火墙在网络之间建立起一个安全网关，从而保护内部网络免受非法用户的侵入。防火墙主要由服务访问规则、验证工具、包过滤和应用网关四个部分组成。

（5）网闸。网闸是网络隔离设备，使系统间不存在通信的物理连接、逻辑连接及信息传输协议，不存在依据协议进行的信息交换，只有以数据文件形式进行的无协议摆渡，保障了内部主机的安全。在保证两套系统之间没有直接的物理通路的同时，还进行防病毒、防恶意代码等信息过滤，以保证信息的安全。

（6）防病毒。常见的病毒防护策略准则包括拒绝访问能力、病毒检测能力、控制病毒传播的能力、清除能力、恢复能力、替代操作。

（7）数据加密技术。数据加密技术可以分为对称加密和非对称加密两种。对称加密在加密和解密时使用相同的密钥，加密和解密速度快，但密钥的分发和管理比较困难。非对称加密则使用一对密钥，其中公钥用于加密数据，私钥用于解密数据，密钥管理相对简单，但加密和解密速度较慢。数据加密技术还可用于链路加密、节点加密和端到端加密等。

4. 信息安全运营体系规划

信息安全运营规划常用的安全控制方法：因需可知和最小特权、职责分离和责任、双人控制、岗位轮换、强制休假、特权账户管理、安全培训与意识提升、应急响应、事件处理与恢复和事后总结与改进。

（1）因需可知和最小特权。因需可知是指仅授予用户执行工作所需数据或资源的访问权限。最小特权是指主体仅被授予执行指定工作所需的特权。特权包括访问数据的权限和执行信息系统任务的权力。因需可知和最小特权是任何安全的信息系统环境都要遵循的。

（2）职责分离和责任。能够确保某个个体无法完全控制关键功能或信息系统。如果两人或更多的人进行密谋或串通，以便执行未经授权的行为，暴露风险便会增加，就能起到有效的威慑作用。

（3）其他常用安全运营方法。用双人控制在信息系统中可以实现同行评审并减少串通和欺诈的可能性。岗位轮换也可以实现同行评审、减少欺诈、交叉培训，并减少环境对任何个体的依赖，可以充当威慑和检测机制，轮岗接管工作的人可能会发现前任工作中的欺诈活动。强制休假也是一种同行评审形式，使得其他员工突然接管某个人的职责，有助于发现欺诈和串通行为。特权账户管理是指限制特权账户的访问权限，或者检测账户是否使用了提升的特权，需要在运营规划中设计长期持续的检测手段监控提升特权的使用。

（4）安全培训与意识提升。安全培训包括基础知识培训、操作规范培训、模拟演练培训、持续宣传教育。

（5）应急响应。一般的应急响应管理流程包括：制定应急响应策略、建立紧急联系渠道、制定应急响应流程、进行应急演练、建立应急响应报告和记录、事件处理与恢复、事后总结与改进（以下步骤是必不可少的：收集数据和信息、分析和评估、制定改进措施、实施改进措施、监控和评估改进效果）。

1.8 云原生技术规划论文重要知识点

1.8.1 架构定义

云原生技术部分依赖于传统云计算的三层概念，即基础设施即服务（IaaS）、平台即服务（PaaS）和软件即服务（SaaS）。

云原生的代码通常包括三部分：业务代码、三方软件、处理非功能特性的代码。其中，业务代码指实现业务逻辑的代码；三方软件是业务代码中依赖的所有三方库，包括业务库和基础库；处理非功能特性的代码指实现高可用、安全、可观测性等非功能性能力的代码。三部分中只有业务代码是核心。

（1）代码结构发生巨大变化。云原生架构产生的最大影响就是让开发人员的编程模型发生了巨大变化。当前，云存储服务包括对象存储服务、块存储服务和文件存储服务，开发人员通常有获得存储能力的界面，同时还解决了分布式场景中的高可用挑战、自动扩缩容挑战、安全挑战、运维升级挑战等难题，开发人员的开发复杂度和运维人员的运维工作量都得到了极大降低。

（2）非功能性特性大量委托。

1）功能性特性是真正为业务带来价值的代码，比如建立客户资料、处理订单、支付等。非功能性特性是没有给业务带来直接业务价值，如高可用能力、容灾能力、安全特性、可运维性、易用性、可测试性、灰度发布能力等。

2）云计算在虚拟机、容器和云服务等多个层面为应用提供了解决方案。

虚拟机：当虚拟机检测到底层硬件发生异常时，自动帮助应用做热迁移，迁移后的应用不需重新启动，仍然具备对外服务的能力，应用本身及其用户对整个迁移过程都不会有任何感知。

容器：容器通过监控检查探测到进程状态异常，从而实施异常节点下线、新节点上线和生产流量的切换等操作，整个过程自动完成，无须运维人员干预。

云服务：云服务本身具备极强的高可用能力，基于云服务的应用环境下的高可用能力，将使得故障带来的业务中断降至分钟级；对等架构模式结合负载均衡产品也可获得很强的高可用能力。

（3）高度自动化的软件交付。

基于容器的标准化软件交付、自动化软件交付可根据交付内容以"面向终态"的方式完成软件的安装、配置、运行和变更。

基于云原生的自动化软件交付是一个巨大的进步。例如，应用微服务化以后，这些服务往往被部署到成千上万个节点上，通过高度的自动化能力支持每一次新业务的上线。

1.8.2 设计原则

云原生架构通过若干原则来对应用架构进行控制。常见的原则主要包括服务化、弹性、可观测、韧性、所有过程自动化、零信任、架构持续演进等。

（1）服务化原则：指通过服务化架构拆分不同生命周期的业务单元，实现业务单元的独立迭代，从而加快整体的迭代速度，保证迭代的稳定性。服务化架构采用的是面向接口编程方式，增加了软件的复用程度，增强了水平扩展的能力，如微服务架构、小服务（MiniService）架构等面向接口编程，并在服务内部实现功能高度内聚，模块间通过公共功能模块的提取增加软件的复用程度。

（2）弹性原则：指系统部署规模可以随着业务量变化自动调整大小，而无须根据事先的容量规划去准备固定数量的硬件和软件资源。

（3）可观测原则：可观测性是在云计算的分布式系统中，主动通过日志、链路跟踪和度量等手段，使得一次点击背后的多次服务调用的耗时、返回值和参数都清晰可见，运维、开发和业务人员通过这样的观测能力可以实时掌握软件的运行情况，并获得前所未有的关联分析能力，以便不断优化业务的健康度和用户体验。

（4）韧性原则：核心目标是提升软件的平均无故障时间（MTBF）。从架构设计上，韧性包括服务异步化能力、重试限流/降级/熔断/反压、主从模式、集群模式、AZ（可用区）内的高可用、单元化、跨区域容灾、异地多活容灾等。

（5）所有过程自动化原则：通过 IaC（Infrastructure as Code）、GitOps、OAM（Open Application Model）、Kubernetes Operator 和大量自动化交付工具一方面标准化组织内部的软件交付过程，另一方面在标准化的基础上进行自动化，通过配置数据自描述和面向终态的交付过程，让自动化工具理解交付目标和环境差异，实现整个软件交付和运维的自动化。

（6）零信任原则：零信任安全核心思想是，默认情况下不应该信任网络内部和外部的任何人/设备/系统，需要基于认证和授权重构访问控制的信任基础，如 IP 地址、主机、地理位置、所处网络等均不能作为可信的凭证。零信任的第一个核心问题就是身份（Identity），赋予不同的实体不同的身份，解决是谁在什么环境下访问某个具体资源的问题。

（7）架构持续演进原则：云原生架构是一个具备持续演进能力的架构，云原生架构对于新建应用而言的架构控制策略相对容易选择（通常是选择弹性、敏捷、成本的维度），但对于存量应用向云原生架构迁移，则需要从架构上考虑遗留应用的迁出成本/风险和到云上的迁入成本/风险，以及技术上通过微服务应用网关、应用集成、适配器、服务网格、数据迁移、在线灰度等应用和流量进行细颗粒度控制。

1.8.3 架构模式

云原生常用的架构模式主要有服务化架构、Mesh 化架构、Serverless、存储计算分离、分布式事务、可观测架构、事件驱动架构等。

（1）服务化架构模式：服务化架构的典型模式是微服务和小服务模式，其中小服务可以看作一组关系非常密切的服务的组合，这组服务会共享数据。小服务模式通常适用于非常大型的应用系统，避免接口的颗粒度太细而导致过多的调用损耗（特别是服务间调用和数据一致性处理）和治理复杂度。通过服务化架构，把代码模块关系和部署关系进行分离。

（2）Mesh 化架构模式：把中间件框架从业务进程中分离，让中间件 SDK（软件开发工具包）与业务代码进一步解耦，从而使得中间件升级对业务进程没有影响，甚至迁移到另外一个平台的中间件也对业务透明。分离后在业务进程中保留的 Client 部分只负责与 Mesh 进程通信，原来需要在 SDK 中处理的流量控制、安全等逻辑由 Mesh 进程完成。大量分布式架构模式（如熔断、限流、降级、重试、反压、隔舱等）都由 Mesh 进程完成。

（3）Serverless 模式：通过 Serverless（无服务器）将"部署"这个动作从运维中"收走"，使开发者不用关心应用运行地点、操作系统、网络配置、CPU 性能等。Serverless 非常适合于事件驱动的数据计算任务、计算时间短的请求/响应应用、没有复杂相互调用的长周期任务。

（4）存储计算分离模式：云环境中，优先把各类暂态数据（如 session）、结构化和非结构化持久数据都采用云服务来保存，从而实现存储计算分离。

（5）分布式事务模式：不同场景的分布式事务模式选择不同。

1）传统采用 XA（eXtended Architecture）模式，具备很强的一致性，但是性能差。

2）基于消息的最终一致性通常有很高的性能，但是通用性有限。

3）TCC（Try-Confirm-Cancel）模式完全由应用层来控制事务，事务隔离性可控，也可以做到比较高效，但是对业务的侵入性非常强，设计、开发、维护等成本很高。

4）SAGA 模式是允许建立一致的分布式应用程序的故障管理模式，特点与 TCC 模式类似，但没有 Try 这个阶段，每个正向事务都对应一个补偿事务，也使开发维护成本高。

5）开源项目 SEATA 的 AT 模式性能非常高，无代码开发工作量，且可以自动执行回滚操作，同时也存在一些使用场景限制。

（6）可观测架构模式：包括 Logging、Tracing、Metrics 三个方面。Logging 提供多个级别（verbosedebug/warning/error/fatal）的详细信息跟踪，由应用开发者主动提供；Tracing 提供一个请求从前端到后端的完整调用链路跟踪，对于分布式场景尤其有用；Metrics 则提供对系统量化的多维度度量。

架构师需要选择 OpenTracing、OpenTelemetry 等开源框架，并规范上下文的可观测数据规范（例如方法名、用户信息、地理位置、请求参数等），规划可观测数据的传播途径，利用日志和 Tracing 信息中的 spanid/traceid，确保进行分布式链路分析时有足够的信息进行快速关联分析。

架构设计上需要为各个组件定义清晰的服务等级目标，包括并发度、耗时、可用时长、容量等，从而优化 SLA。

（7）事件驱动架构模式：事件驱动架构（Event-Driven Architecture，EDA）本质上是一种应用/组件间的集成架构模式。事件具有 Schema，可校验 Event 的有效性，同时 EDA 具备 QoS 保障机制，也能够对事件处理失败进行响应。事件驱动架构可以用于以下场景：（微）服务解耦、增强服务韧性、CQRS（命令查询的责任分离）、数据变化通知、构建开放式接口、事件流处理、基于事件触发的响应。

1.8.4 架构优势

云原生架构具有更高的可扩展性、可用性、灵活性、安全性、成本效益和高度自动化等优势。

（1）高可扩展性。云原生架构的微服务可以独立部署和扩展，这种可扩展的架构模式可以根据业务需求快速增加或减少服务实例。

（2）高可用性。云原生架构的微服务可以分布在多个节点上，可以实现负载均衡和容错处理，减少单点故障的风险。

（3）灵活性。云原生架构的微服务可以独立部署和管理，可以使用不同的编程语言和技术栈，提高应用程序的适应性和可维护性。

（4）安全性。云原生架构使用容器化技术来隔离不同的微服务，可以减少安全漏洞的风险。同时使用自动化工具来管理和部署微服务，可以提高安全性和可靠性，减少人为错误的风险。

（5）成本效益。云原生架构可以提高应用程序的可靠性、可扩展性和安全性，同时可以减少运维成本和时间。

（6）高度自动化。云原生架构可以与基础设施深度整合优化，将计算、存储、网络资源管理以及自动化部署和运维能力交给云上 PaaS 来落地。

1.8.5 云原生建设规划

云原生架构体系内容涉及微服务、容器、DevOps、服务网格（Service Mesh）、自服务敏捷基础设施、混沌工程、安全等，需要组织实际做出实施顶层规划，然后以分步实施的方法边建设边交付价值，使整个体系建设具备可持续性。

基于"顶层规划+分步实施"的原则将云原生架构规划实施路线图定义为 5 个步骤：服务采用及运行环境容器云平台构建、服务管理和治理、持续交付及安全、自服务敏捷响应基础设施、增强生产环境韧性和安全性。每个实施步骤又可以根据实际建设需要分为若干个子项目，并可能需要多次迭代。

（1）服务采用及运行环境容器云平台构建。基于容器技术和容器调度管理技术（如 Kubernetes）构建组织内私有容器云平台，支撑微服务应用系统的部署、运行和管理，实现微服务运行时的环境支持，基于容器云平台可以实现相关的自服务敏捷能力，比如弹性扩展、服务路由、分发限流、健康检查、错误隔离、故障恢复、资源调度等。

（2）服务管理和治理。基于容器云平台可以直接利用 Kubernetes 的能力实现服务的注册发现、配置、路由分发、负载均衡、弹性扩容等，并需要在 Kubernetes 之上扩展实现服务的管理和治理能力。

CNCF 推荐用 Service Mesh，代理东西向流量，并支持跨语言平台部署。

Cloud 框架提供了相对完整的服务治理实现，比如服务的注册发现、配置、熔断、客户端负载均衡等。

在实现服务治理时需要考虑跨平台能力以及对内和对外 API 服务能力。

（3）持续交付及安全。持续交付及安全阶段以 DevOps 理论为指导，构建持续集成、持续部署、持续交付、持续监控、持续反馈的闭环流程。先建设容器云平台和服务管理治理能力，构建微服务运行支撑环境是支持持续交付的前置要求。

DevOps 的核心是协作反馈，只有及时反馈才能反思和改进。

（4）自服务敏捷响应基础设施。基础设施大致可以划分为三个部分：基础设施资源、支撑平台和纯技术工具。基础设施资源可能有很多种异构资源和云平台，需要提供统一的基础设施资源服务，隔离底层异构资源细节，简化应用资源调度；支撑平台主要是微服务开发、运行、运维的平台；纯技术工具指的是和业务无关、围绕支撑平台周边的工具，比如消息平台（RabbitMQ、Kafka）、监控平台、权限管理平台、认证平台、人脸识别平台等。

在实施持续交付的同时，需要重点构建和完善自动化、自服务的基础设施能力，包括统一身份认证和权限服务、日志服务、配置服务、监控服务、告警服务、安全服务、AI 服务（人脸识别、文字识别、图像识别、语音识别、自然语言处理、知识图谱、算法等）、消息服务、调度服务等基础服务与持续集成和持续交付（CI/CD）研发流程服务等。实现这些服务的自服务能力是构建应用敏捷响应的关键。

（5）增强生产环境韧性和安全性。抗脆弱性的目的就是持续定时或不定时通过在运行环境中注入故障的方式来主动找到弱点，并强制修复这些弱点，从而提升环境的健壮性和韧性。

通过明确查找应用程序体系结构中的弱点、注入故障并强制进行补救，体系结构自然会随着时间的推移收敛到更高的安全程度，通过抗脆弱性试验持续增强环境的韧性。安全能力建设也是系统抗脆弱性的一部分。

1.9　信息系统治理论文重要知识点

1.9.1　IT 治理

1. IT 治理基础

（1）IT 治理的驱动因素。

驱动组织开展高质量 IT 治理的因素包括：①良好的 IT 治理能够确保组织 IT 投资的有效性；②IT 价值发挥的弹性较大；③IT 是组织管理、运行、生产和交付等各领域高质量发展的重要基础；④信息技术的应用可为组织提供大量新的发展空间和业务机会等；⑤IT 治理能够推动并促进 IT 价值挖掘和融合利用；⑥IT 价值需要良好的价值管理，以及场景化的业务融合应用；⑦高级管理层需要采用明确责权和清晰管理的方式确保 IT 价值；⑧成熟度较高的组织以不同的方式治理 IT，获得了领域或行业领先的业务发展效果。

IT 治理的内涵包括：①IT 治理由组织治理层或高级管理层负责，从组织全局的高度对组织信息化数字化工作做出制度安排，体现了最高层对信息化活动的关注；②IT 治理强调数字目标与组织战略目标保持一致，通过对 IT 的综合开发利用，为组织战略规划提供技术或控制方面的支持，以保证相关建设能够真正落实并贯彻组织业务战略和目标；③IT 治理保护利益相关者的权益，管理相关风险，关注投资绩效，确保信息系统满足业务需求，并获得预期收益，增强组织的核心竞争力；④IT 治理是一种制度和机制，主要涉及管理和制衡信息系统与业务战略匹配、信息系统建设投资、信息系统安全和信息系统绩效评价等方面的内容；⑤IT 治理的组成部分包括管理层、组织结构、制度、流程、人员、技术等多个方面，共同构建完善的 IT 治理架构，达到数字战略和支持组织的目标。

（2）IT 治理的目标价值。组织实施 IT 治理的使命：保持 IT 与业务目标一致、推动业务发展、促使收益最大化、合理利用 IT 资源、恰当厘清与 IT 相关的风险等。

IT 治理的主要目标包括：<u>与业务目标一致、有效利用信息与数据资源、风险管理</u>。

（3）管理层次和 IT 治理的治理层次。组织的管理层次一般分为三层：<u>最高管理层、执行管理层、业务与服务执行层</u>。

2．IT 治理体系

IT 治理体系有五个构成部分，具体包括：①<u>IT 定位</u>；②IT 治理架构；③IT 治理内容；④IT 治理流程，统筹、评估、指导、监督；⑤IT 治理效果（内外评价）等。该体系主要回答 IT 治理目标是什么、由谁来做、做什么、怎么做和做的效果如何五个问题。

（1）IT 治理关键决策。需要关注的关键决策包括：<u>IT 原则、IT 架构、IT 基础设施、IT 投资和优先顺序</u>等。

（2）IT 治理框架。具体包括：<u>IT 战略目标、IT 治理组织、IT 治理机制、IT 治理域、IT 治理标准和 IT 绩效目标</u>等部分。

（3）IT 治理核心内容。IT 治理核心内容有：<u>组织职责、战略匹配、资源管理、价值交付、风险管理和绩效管理</u>等六项内容。

（4）治理机制经验。建立 IT 治理机制的三个原则是<u>简单、透明、适合</u>。

3．IT 治理任务

IT <u>治理活动包括统筹、评估、指导和监督</u>共四项。

IT 治理活动的主要任务包括：<u>全局统筹、价值导向、机制保障、创新发展、文化助推</u>五个方面。

4．IT 治理方法与标准

（1）信息技术服务标准。

1）《信息技术服务 治理 第 1 部分：通用要求》（GB/T 34960.1）规定了 IT 治理的模型和框架实施 IT 治理的原则，以及开展 IT 顶层设计、管理体系和资源的治理要求。

2)《信息技术服务 治理 第 2 部分：实施指南》（GB/T 34960.2）明确顶层设计治理、管理体系治理和资源治理的实施要求。IT 治理实施框架包括治理的实施环境、实施过程和治理域。

（2）信息和技术治理框架。COBIT 对治理和管理进行了明确区分。

1）治理和管理目标：在 COBIT 模型中，治理目标被列入评估、指导和监控（EDM）领域。治理系统包括 7 个组件：①流程；②组织结构；③原则、政策和程序；④信息；⑤文化、道德和行为；⑥人员、技能和胜任能力；⑦服务、基础设施和应用程序。

2）设计因素：COBIT 定义的 IT 治理系统设计因素包括：组织战略、组织目标、风险概况、IT 相关问题、威胁环境、合规性要求、IT 角色、IT 采购模式、IT 实施方法、技术采用战略、组织规模和未来因素。

3）设计流程：COBIT 给出了建议的设计流程：①了解组织环境和战略，需要了解组织战略、目标、风险概况和当前所面临的问题；②确定治理系统的初步范围；③优化治理系统的范围；④最终确定治理系统的设计。

（3）IT 治理国际标准。ISO/IEC FDIS 38500：2014 提供了 IT 良好治理的原则、定义和模式，以帮助最高级别组织的人员理解和履行其在组织内使用 IT 方面的法律、法规和道德义务。该标准为治理机构提供的指导原则包括：①责任；②战略；③收购；④性能；⑤一致性；⑥人的行为。该标准规定治理机构治理 IT 应通过评估、指导和监督三个主要任务。

1.9.2 IT 审计

1. IT 审计基础

（1）IT 审计目的：指通过开展 IT 审计工作，了解组织 IT 系统与 IT 活动的总体状况，对组织是否实现 IT 目标进行审查和评价，充分识别与评估相关 IT 风险，提出评价意见及改进建议，促进组织实现 IT 目标。

（2）组织的 IT 目标主要包括：①组织的 IT 战略应与业务战略保持一致；②保护信息资产的安全及数据的完整、可靠、有效；③提高信息系统的安全性、可靠性及有效性；④合理保证信息系统及其运用符合有关法律、法规及标准等的要求。

（3）IT 审计范围：审计范围由总体范围、组织范围、物理范围、信息系统相关逻辑范围和其他范围所确定。

（4）IT 审计人员：根据《信息技术服务 治理 第 4 部分：审计导则》（GB/T 34690.4），对审计人员的要求包括：职业道德、知识、技能、资格与经验、专业胜任能力及利用外部专家服务等方面。

（5）IT 审计风险：IT 审计风险主要包括：固有风险、控制风险、检查风险和总体审计风险。

2. IT 审计方法与技术

（1）IT 审计常用方法。IT 审计方法包括：访谈法、调查法、检查法、观察法、测试法和程序代码检查法等。

1）访谈法分为结构型访谈和非结构型访谈。

2）检查法分为审阅法、核对法、复算法和分析法；测试法分为黑盒法和白盒法。

3）程序代码检查法指审计人员可使用代码静态扫描工具进行程序代码的检查。黑盒法完全不考虑其内部结构和处理过程，只检查程序的功能是否符合它的需求规格说明。白盒法是按照程序内部的结构来测试程序，检验程序中的每条通路是否都能按预定要求正确执行。

（2）IT 审计技术。IT 审计技术包括：风险评估技术、审计抽样技术、计算机辅助审计技术及大数据审计技术。

1）IT 风险评估技术一般包括：风险识别、风险分析、风险评价、风险应对四类技术。

风险识别技术包括德尔菲法、头脑风暴法、检查表法、SWOT 技术及图解技术等，用以识别不确定性的风险。

风险分析技术包括定性分析和定量分析，是对风险影响和后果进行评价和估量。

风险评价技术包括单因素风险评价和总体风险评价，是对风险程度进行划分，以揭示影响成败的关键风险因素。

风险应对技术是 IT 技术体系中为特定风险制定的应对技术方案，如冗余链路、冗余资源、系统弹性伸缩、两地三中心灾备等。

2）审计抽样技术是指审计人员在实施审计程序时，从审计对象总体中选取一定数量的样本进行测试，并根据测试结果，推断审计对象总体特征的一种方法。

审计抽样分为统计抽样和非统计抽样。其中，统计抽样分为属性抽样、变量抽样。属性抽样回答"有多少"的问题；变量抽样是一种由样本估计总体的货币金额或其他度量单位（如重量）的抽样技术。

3）计算机辅助审计技术（Computer Assisted Audit Technique，CAAT）指审计人员在审计过程和审计管理活动中，以计算机为工具来执行和完成某些审计程序和任务的新兴审计技术，也可用于手工系统的审计。CAAT 包括通用审计软件（Generalized Audit Software，GAS）、测试数据、实用工具软件、专家系统等工具和技术。

4）大数据审计是运用大数据技术方法和工具，利用数量巨大、来源分散、格式多样的数据，开展跨层级、跨系统、跨部门和跨业务等的深入挖掘与分析，提升审计发现问题、评价判断、宏观分析的能力，可分为大数据智能分析技术、大数据可视化分析技术及大数据多数据源综合分析技术等。

（3）IT 审计证据。审计证据是指由审计机构和审计人员获取，用于确定所审计实体或数据是否遵循既定标准或目标，形成审计结论的证明材料。

审计证据的特性包括：充分性、客观性、相关性、可靠性、合法性。

（4）IT 审计底稿。审计工作底稿可分为综合类、业务类和备查类等三类。

审计工作底稿通常实行三级复核制度，由审计机构负责人、部门负责人和项目负责人复核；同时审计机构需要建立健全审计工作底稿保密制度。

法院、检察院及国家其他部门依法查阅并按规定办理了必要手续后依法查阅审计工作底稿或者审计协会开展执业情况检查，不属于泄密情形。

审计工作底稿需要归入审计档案后保管。

3. 审计工作流程

广义的审计流程一般分为审计准备、审计实施、审计终结及后续审计四个阶段。

（1）审计准备阶段是指 IT 审计项目从计划开始，到发出审计通知书为止的期间。主要工作包括：①明确审计目的及任务；②组建审计项目组；③搜集相关信息；④编制审计计划等。

（2）审计实施阶段是审计人员将项目审计计划付诸实施的期间。主要工作包括：①深入调查并调整审计计划；②了解并初步评估 IT 内部控制；③进行符合性测试；④进行实质性测试等。

（3）审计终结阶段是整理审计工作底稿、总结审计工作、编写审计报告、做出审计结论的期间。主要工作包括：①整理与复核审计工作底稿；②整理审计证据；③评价相关 IT 控制目标的实现；④判断并报告审计发现；⑤沟通审计结果；⑥出具审计报告；⑦归档管理等。

（4）后续审计是在审计报告发出后的一定时间内，审计人员为检查被审计单位对审计问题和建议是否已经采取了适当的纠正措施，并取得预期效果的跟踪审计。实施后续审计，可不必遵守审计流程的每一过程和要求，但必须依法依规进行检查、调查，收集审计证据，写出后续审计报告。

4. IT 审计内容

IT 审计业务和服务通常分为 IT 内部控制审计和 IT 专项审计。

（1）IT 内部控制审计主要包括：组织层面 IT 控制审计、一般控制审计及应用控制审计。

（2）IT 专项审计主要是指根据当前面临的特殊风险或者需求开展的只针对 IT 综合审计的某一个或几个部分所开展的 IT 审计，具体可分为信息系统生命周期审计、信息系统开发过程审计、信息系统运行维护审计、网络与信息安全审计、信息系统项目审计、数据审计等。

1.10 信息系统服务管理论文重要知识点

1.10.1 服务战略规划

1. 规划设计活动

信息系统服务涉及服务提供方和服务需求方，规划设计活动如图 1-12 所示，包括服务需求阶段和服务设计阶段。对于服务提供方来说，都会有一个相对稳定的服务目录，客户服务的需要可能大部分在服务目录中，但同时会有一些个性化的需求。供方结合客户的服务报价意向和服务提供方的服务产品定位对服务目录进行管理。在确认需方提出的服务级别需求的基础上，开展服务级别设计，最终形成服务级别协议、运营级别协议和支持合同。

2. 服务目录管理

（1）服务目录定义了服务供方所提供服务的全部种类和目标，以确保客户可以准确地看到服务供方可提供的服务范围、内容及相关细节。供方用来充当整理、分析服务产品和管理客户期望的重要工具，可以类比为饭店的"菜单"。

（2）服务目录要素内容包括：服务代码、服务名称、服务描述、服务方式、服务时间、服务级别等。

50

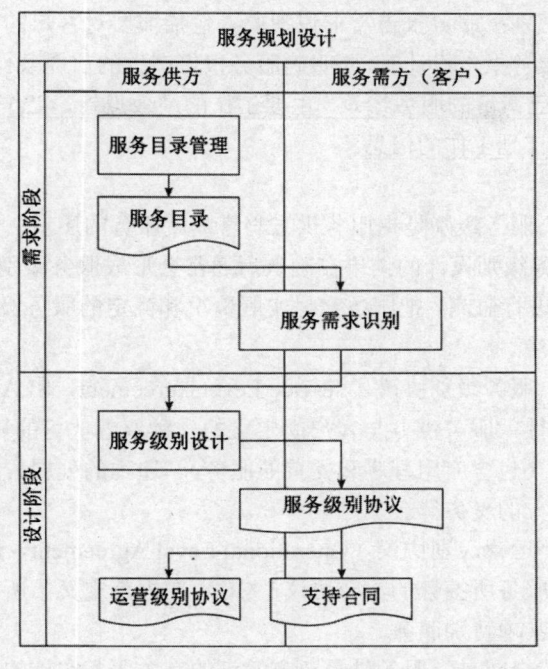

图 1-12　规划设计活动

（3）服务目录管理活动步骤包括：成立服务目录管理小组、列举服务清单、确定服务类别与代码、编制服务详述（需要详细描述服务清单所列举的各项服务，内容包括服务内容、服务目标、服务级别、技术实现方法等）、评审并发布服务目录、完善服务目录。

3. 服务需求识别

服务需求可划分为<u>可用性需求、连续性需求、服务能力需求、信息安全需求、价格需求及服务报告需求</u>。

（1）可用性需求识别：一是服务不可用对业务的影响，客户可以承受多长的停机时间；二是从业务角度分析，服务不可用或服务质量下降时造成的成本损失；最后得出可用性指标，一般包括平均无故障时间（Mean Time Between Failure，MTBF）、平均故障修复时间（Mean Time To Repair，MTTR）和平均故障间隔（Mean Time Between System Incidents，MTBSI）。

（2）连续性需求识别：通过风险评估来确定可能造成信息系统中断的潜在威胁，并预测这些威胁可能造成的损失程度，并且评估所采取的控制措施是否能够有效防止威胁的发生。

（3）服务能力需求识别：要识别出当前及未来的服务级别需求的能力。服务能力需求分析要对客户的现状、业务需求以及信息系统进行深入了解，保证以合理的成本满足所有对能力的需求。

（4）信息安全需求识别：包括机密性、完整性、可用性等需求及其优先级和重要性。

（5）价格需求识别：先确认服务内容，后估算服务成本。服务成本主要包括设备成本、软件成本、人力成本、第三方支持成本、管理成本和其他成本等。

（6）服务报告需求识别：服务报告需求识别要素包括需要对客户的具体业务需求和局部情况进行分析和考虑；在进行服务报告设计时，要明确服务报告产生的前提条件和服务报告内容的要素。典型服务报告内容包括：<u>已衡量的服务绩效、主要工作的绩效报告、工作的特点和工作量信息、某段时间的趋势信息、未来计划工作的信息</u>。

4. 服务级别设计

（1）服务级别设计。服务级别是指服务供方与客户就服务的质量、性能等方面所达成的双方共同认可的级别要求。服务级别设计的结果在确认后通常会形成服务级别协议服务需求，形成文档记录，以便在服务运营期进行监测，把服务交付实际情况和商定的服务级别进行比较，衡量服务质量与价格。

（2）服务级别协议。服务级别协议（Service Level Agreement，SLA）是在一定成本控制下，为保障服务的性能和可靠性，服务供方与客户间定义的一种双方认可的协定。SLA 文档内容包括涉及的当事人、协定条款（包含应用程序和支持的服务）、违约的处罚、费用和仲裁机构、政策、修改条款、报告形式和双方的义务等。

（3）运营级别协议。运营级别协议（Operational Level Agreement，OLA）是与某个内部信息服务部门就某项信息系统服务所签订的后台协议，OLA 在内部定义了所有参与方的责任，并将这些参与方联合在一起提供某项特别服务。

（4）支持合同。支持合同是指服务供需双方签订的有关服务实施的正式合同，是具备法律效力的协议。支持合同主要由 SLA 内容及法律条文中的责任、权利和义务构成。

1.10.2 服务设计实现

1. 服务模式选择

信息系统服务模式的分类见表 1-5。

表 1-5 信息系统服务模式的分类

类别	方式	服务内容
远程服务	远程集中监控	服务供方通过特定的监控平台，对客户的信息系统进行实时监控，如发生任何异常，及时介入处理或告知客户
远程服务	远程技术支持	服务供方通过电话、邮件、远程登录等方式，在客户的配合下进行服务请求的处理和系统故障的排除
现场服务	上门技术支持	当遇到远程支持不能解决的系统故障或服务请求时，服务供方提供按需或定期的上门技术支持服务
现场服务	驻场技术支持	服务供方派专人常驻客户现场，随时响应客户的服务请求、处理信息系统故障

2. 人员要素设计

服务供方要根据客户的需求或潜在需求适当地配置服务人员，人员要素设计包括对<u>人员岗位和</u>

职责、人员绩效、人员培训三方面的设计。

（1）人员岗位和职责设计：服务团队应包括管理岗、技术支持岗、操作岗等主要岗位。

（2）人员绩效设计：人员绩效方案设计主要包括确定不同服务岗位绩效指标、明确考核信息来源、制定绩效指标计算方法、定义绩效考核周期、设计绩效考核策略等活动。

（3）人员培训设计：人员培训方案设计主要包括培训需求分析、培训内容设计、培训实施过程设计、培训效果评价方法设计等活动。

3．资源要素设计

资源要素设计主要包括对服务工具、服务台、备件库、知识库的设计。

（1）服务工具设计：常见的信息系统服务工具包括监控类工具、过程管理类工具和其他工具。

（2）服务台设计：服务台为用户和服务供方提供统一的联系点。设置专门的沟通渠道作为与需方的联络点，沟通渠道可以是热线电话、传真、网站、电子邮箱等；设定专人负责服务请求的处理。并建立管理制度涉及服务请求的接收、记录、跟踪和反馈等机制，以及日常工作的监督和考核。

（3）备件库设计：备件库可自建或由外部备件支持方来保证，设计时，应注意备件响应方式和级别定义、备件供应商管理、备件出入库管理、备件可用性管理。

（4）知识库设计，设计时应注意：①确保整个组织内的知识是可用的、可共享的；②选择一种合适的知识管理策略；③知识库具备知识的添加、更新和查询功能；④知识管理制度，并进行知识生命周期管理。

4．技术要素设计

技术要素设计时，应从技术研发、发现问题的技术、解决问题的技术三个方面来进行考量。

（1）技术研发：应对成本进行估算，组织编制技术研发预算。

（2）发现问题的技术：一要制定监控指标及阈值表；二要制订仿真测试环境建设计划。

（3）解决问题的技术：一是制定技术活动标准操作流程；二是制定应急预案；三是完成知识转移，涉及历史资料、基础架构资料、应用系统资料、业务资料等的转移。

5．过程要素设计

常见的服务管理过程包括服务级别、服务报告、事件、问题、配置、变更、发布、信息安全等管理过程。

（1）服务级别管理过程设计主要活动包括：建立服务目录，签订服务级别协议；建立SLA考核评估机制；制定改进及跟踪验证机制。关键指标包括服务目录定义的完整性、签订服务级别协议文件的规范性、SLA考核评估机制的有效性和完整性。

（2）服务报告管理过程设计主要活动包括：确定与服务报告过程一致的活动（建立、审批、分发、归档）；制订服务报告计划（提交方式、时间、需方接收对象）；建立服务报告模板等。关键指标包括服务报告过程的完整性，服务报告的及时性、准确性等。

（3）事件管理过程设计主要活动包括：确定与事件管理过程一致的活动（事件受理、分类分级、初步支持、调查诊断与解决、进度监控与跟踪、关闭）；建立事件分类分级机制；建立事件升级机制；建立事件满意度调查机制；建立事件解决评估机制（事件及时解决率、事件平均解决时间）等。关键指标包括事件管理过程的完整性、有效性，事件解决评估机制的有效性等。

（4）<u>问题管理过程设计</u>主要活动包括：确定与问题管理过程一致的活动（问题建立、分类、调查和诊断、解决、错误评估、关闭）；建立问题分类管理机制（问题的影响范围、重要程度、紧急程度并确定优先级）；建立问题导入知识库机制；建立问题解决评估机制。关键指标包括问题管理过程的完整性、问题解决评估机制的有效性等。

（5）<u>配置管理过程设计</u>主要活动包括：确定与配置管理过程一致的活动（识别、记录、更新和审计）；建立配置数据库管理机制；建立配置项审计机制。关键指标包括配置管理过程的完整性，配置数据的准确、完整、有效、可用、可追溯，配置项审计机制的有效性等。

（6）<u>变更管理过程设计</u>主要活动包括：确定与变更管理过程一致的活动（请求、评估、审核、实施、确认和回顾）；建立变更类型和范围的管理机制；建立变更过程和结果的评估机制。关键指标包括变更管理过程的完整性、变更记录的完整性等。

（7）<u>发布管理过程设计</u>主要活动包括：确定与发布管理过程一致的活动（规划、设计、建设、配置、测试）；建立发布类型和范围的管理机制；制定完整的方案（发布计划、回退方案、发布记录）；建立发布过程和结果的评估机制。关键指标包括发布管理过程的完整性以及过程记录的完整性、准确性等。

（8）<u>信息安全管理过程设计</u>主要活动包括：确定与信息安全管理过程一致的活动（识别、评估、处置和改进）；建立与信息系统服务要求一致的信息安全策略、方针和措施，关键指标信息的保密性、可用性和完整性等。

1.10.3 服务运营提升

服务运营提升涉及<u>业务关系管理、服务营销度量、服务成本度量、服务项目预结算管理、服务外包收益</u>等方面。

1. 业务关系管理

业务关系管理包括<u>客户关系管理、供应商关系管理和第三方关系管理</u>。

（1）客户关系管理。

1）客户关系管理的目标：主要是服务并管理好客户需求，培养客户对服务更积极的评价和应用与客户建立长期和有效的业务关系，实现共赢发展。

2）客户关系活动包括：<u>定期沟通、日常沟通、高层拜访、投诉管理、表扬管理、满意度调查、增值服务</u>。其中，增值服务通常是指超出协议约定内容之外的服务，其选择需要把握以下四个原则：①不能影响现有协议约定的服务内容；②增值服务贴合客户需要；③增值服务投入在可接受的范围内；④本身有能力对增值服务内容进行引申。客户关系管理的风险在于不了解客户真正的服务需求和不同的客户干系人的需求多样性。

3）可能存在的风险和控制措施：可能存在的风险和控制措施见表1-6。

表 1-6　可能存在的风险和控制措施

可能的风险	影响	控制措施
未能了解客户真正需求，特别是关键客户的需求	服务不符合客户期望，得不到客户认可，团队士气受到影响	挖掘客户真正需求，及时签署补充协议，争取客户高层的支持和配合
服务相关干系人多，服务需求多样化	服务难以标准化、统一化，原定服务资源不足	针对客户提供差异化服务报告，及时总结回顾，为客户内部提供相关的成本费用核算数据，必要时引导客户签署补充协议

（2）供应商关系管理。

1）目标主要包括：与供应商建立互信、有效的协作关系；整合资源，共同开拓保持客户；与供应商建立长期、紧密的业务关系；实现与供应商的合作共赢。

2）供应商关系管理的活动包括：<u>供应商的选择/推荐、供应商审核及管理、供应商间的协调、争议处理、支持合同管理</u>。

3）供应商的审核因素包括：①响应能力；②问题解决能力；③问题解决效率；④人员稳定性；⑤客户反馈；⑥合作氛围六个方面。

4）供应商关系管理的风险：供应商关系管理的风险见表 1-7。

表 1-7　供应商关系管理的风险

可能的风险	影响	控制措施
未能提前识别并约定所有可能的情景，出现利益及责任分配问题	供应商积极性不高	签署明确有效的支持合同，避免留有产生争议的空间，及时识别潜在争议，并有效处理
多供应商之间的配合问题	服务不符合客户期望，得不到客户认可，团队士气受到影响	建立良好的供应商协作及沟通机制
供应商组织变动或业务发生变更	无法从供应商持续获得服务，团队士气受到影响	• 建立多供应商竞争及备份机制，避免单一服务源带来的服务中断 • 定期对供应商情况进行审核及评估，积极识别可能的风险并提前预防，及时向客户传递相关的信息
多级分包对服务质量及业务持续性保障造成的挑战	服务质量降低，与客户联系减少，进而失去客户，知识流失	• 对供应商限定分包内容，并约定审核条款，对整个服务保障链条进行定期审核及评估 • 保持与客户的紧密接触和沟通 • 与分包商明确知识产权及相关信息安全要求
供应商不配合	无法面向客户提供所承诺的服务	• 选择有效的供应商 • 定期对供应商进行评估审核，对不符合条件的供应商及时更换 • 签署明确有效的支持合同，消除争议产生的空间 • 争取供应商高层支持和配合 • 加强与供应商协作沟通

（3）第三方关系管理。

1）第三方指政府、资质认证单位、服务监理公司等单位。

2）第三方关系管理活动主要包括：定期沟通、日常沟通、信息收集分享、第三方关系协调、配合支持第三方工作。

3）第三方关系管理的风险包括：沟通不畅、利益冲突和责任分配问题、第三方工作未得到客户的支持等。

2. 服务营销管理

（1）服务营销过程分为启动准备、调研交流、能力展示、服务达成四个阶段共八项活动。

1）启动准备阶段包括营销准备、营销计划两项活动。

2）调研交流阶段包括做好需求调研、写好解决方案。

3）能力展示阶段包括做好产品展示、保持持续沟通两项活动。

4）服务达成阶段包括达成服务协议和做好持续服务两项活动。

（2）启动阶段。

1）营销准备活动包括：做好成为专业销售人员的基础准备、客户行业和区域的知识准备、目标客户的营销准备、现有客户信息系统服务的总结及熟悉自身的信息系统服务产品。

2）营销计划活动包括：营销计划的制订、执行、跟踪、修正。

（3）调研交流阶段。

1）做好需求调研活动包括：高层领导访谈、信息化建设现状梳理、信息化建设需求收集、挖掘客户潜在需求。

2）写好解决方案：是服务营销的核心工作，主要活动包括熟悉解决方案的格式和规范、细化解决方案的内容、评审解决方案、沟通论证、确定解决方案。

（4）能力展示阶段。

1）做好产品展示的活动包括：服务产品展示的准备、服务产品的说明、服务产品展示、服务产品展示的互动、提供现场考察和技术交流。

2）保持持续沟通活动包括：制订持续沟通计划、保持持续沟通、沟通信息整理、沟通信息汇报。

（5）服务达成阶段。

1）达成服务协议的活动包括：准备服务级别协议、服务级别协议的协商、服务级别协议的达成、签订服务级别协议。

2）做好持续服务活动包括：提高客户满意度、维持好业务关系、做好需求的挖掘、促使客户新需求落地实施、提供部分增值服务、适当的营销管理方法。

3. 服务成本度量

信息系统服务成本包括直接人力成本、直接非人力成本、间接人力成本和间接非人力成本。

（1）直接人力成本：直接人力成本主要包括信息系统服务项目中的人员劳动报酬、人员社保规费、人员福利等。

（2）直接非人力成本一般包括：办公费、差旅费、培训费、业务费、采购费、租赁费等。这些费用必须是为特定信息系统项目所支出的非人力费用。

（3）间接人力成本指非项目组人员的人力资源费用分摊。非项目组人员包括服务实施部门管理人员、相关管理办公室（PMO）人员、组织级配置管理或质量保证人员。

（4）间接非人力成本包括：办公费、差旅费、培训费、业务费、采购费、租赁费等，指与达成项目目标相关，但不直接服务于特定项目的非人力费用。

服务成本度量方法通常采用经验法来确定，先将服务工作进行任务分解后，对每一项任务进行工作量估算，将所有任务的工作量加和后，即得到该项目的总体工作量；再根据相应的人力成本费率，确定该项目的总体成本。度量时应结合服务对象规模、单位工作量、调整因子等因素。对于应用软件的规模度量通常采用功能点方法；常见调整因子类型包括服务要求、服务能力、服务对象和业务特征。

4. 服务项目的预算、核算和结算

（1）服务项目预算。项目预算的制定分为识别项目预算收入项与开支项、划分信息系统服务项目执行阶段、形成预算表三个步骤。建立预算可以对项目的收支情况、盈利情况有具体的预测，对开支建立进度计划。

（2）服务项目核算。项目的核算是以预算为依据，持续地记录真实的收入和开支情况，并加以分析和计算，最终得出核算结果。核算过程包括编制核算记录表、组织资源使用情况核算、核算分析与总结。

（3）服务项目结算。项目的结算是在项目结束后的总体核算，结算方法与核算非常类似，但目的有所不同。

（4）衡量项目收益的指标。衡量项目收益的指标包括项目投入产出比、项目投资回报率、项目净产出、人均产出等。

5. 服务外包收益

服务外包收益包括：成本效益、效率提升、降低风险、专注于主营业务、管理简单、提升满意度。

1.10.4 服务退役终止

服务项目退役终止阶段，需要开展沟通并召开评审会议、制订服务退役计划、评估服务终止风险、释放并回收资源、整理项目数据和资料等工作。

1. 沟通管理

退役终止阶段，服务供需双方的沟通主要以会议形式为主，包括服务终止计划编制会议、服务终止计划评审会议、移交会议、经验交流会等。

（1）服务终止计划编制会议。服务终止计划的内容包括：终止条件；终止的目标与成功要素；流程的控制；相关方的角色与职责；约束、风险与问题；里程碑和交付物；活动分解和每个活动的描述；终止的完成标准；服务终止的时间；服务接口安排；安排信息安全审查；对未决的事件的共识与协议。

（2）服务终止计划评审会议。服务终止计划评审过程应由参会人员共同评审服务终止计划，明确服务终止过程中的各方责任；确定所涉及的所有任务的分配；明确需要通知或联系的第三方；确定后续移交会议可能涉及的部门、人员及议程；服务终止计划需获得供需双方高层的批准，并取得各利益相关方的接受。

（3）移交会议。协商所有数据、文件和系统组件的所有权，按照协商结果或合同约定向客户方移交相关成果。参会人员必须包括需方的高层领导，以及即将承担服务工作的继任项目团队成员及其负责人。移交的内容主要包括：文件信息移交、知识移交、技能移交、基线移交和模拟环境移交。

1）移交的文件信息包括：服务使用手册、服务指南、服务维护技术相关文档等。

2）知识包括：服务相关维护知识、服务的问题解决方案等。技能包括服务提供技能、服务维护技能、服务改善技能、服务问题发现技能等。

3）基线包括：服务运营环境的服务组件的状态及相关属性和设置。

4）模拟环境包括：服务模拟环境的服务组件及相关环境组成要素。移交由需方高层确认并签审才完成外部工作，服务项目团队内部移交并未结束。

（4）经验交流会是大型会议，一般包括所有的项目利益相关方或其代表，表明项目的正式结束，服务项目经验总结报告是对服务项目成功或失败的总结性文件，其内容是一项重要知识。

2. 风险控制

在服务退役终止过程中，所面临的风险一般有数据风险、业务连续性风险、法律法规风险和信息安全风险。

（1）数据风险：主要有五类，即数据泄露、数据篡改、数据滥用、违规传输、非法访问。

（2）业务连续性风险：包括服务人员变动风险、服务信息同步风险。尤其是关键岗位人员离职。

（3）法律法规风险：供方在服务过程中所涉及的合同、协议、知识产权、商业秘密等多方面存在的法律风险。

（4）信息安全风险：在服务退役终止阶段应协助客户加强信息安全监管，签署保密协议。

3. 资源回收

资源回收包括文件归档，财务、人力、基础设施等资源回收与确认工作。

（1）文件归档的范围一般应包括服务日志、项目计划（项目章程、项目范围说明书及风险管理计划等）、项目来往函件、项目会议记录、项目进展报告、合同文档、技术文件以及其他信息。为此，服务供方应该建立保存和维护这些项目数据的计算机信息系统，如"案例库"。

（2）财务资源回收：项目账目收尾是项目团队成员的内部流程，必须在某时间点上结束项目账目，应及时撤销对应的账目编码，需要向财务部门申请停用。

（3）人力资源回收：根据服务终止计划及时把服务团队成员送回到服务项目管理部门。

（4）基础设施资源回收：告知负责控制设备或工具的人员做好回收准备，以确保这些设备或工具处于可以被其他服务项目获得的状态。

4. 信息处置

信息处置需要根据所有权的不同，对<u>信息资产转移或清除</u>，在必要情况下，还<u>需清除或销毁存储介质</u>，以确保供需双方信息资产的安全。

（1）信息转移或清除，具体过程：确定要转移或清除的信息资产，列出要转移或清除的信息资产清单；制定信息资产的处理方式和处理流程，尤其是敏感或涉密信息；按照信息资产处理方式和流程对信息资产进行转移和清除，监控实施过程中出现的意外情况，并记录信息转移和清除的过程。

（2）存储介质清除或销毁，过程如下：确定要清除或销毁的介质，列出要清除或销毁的存储介质清单；根据存储介质承载信息的敏感程度制定对存储介质的处理方案，包括数据清除和存储介质销毁等；严格按照存储介质处理方案对存储介质进行清除或销毁，监督介质处理过程中的风险，记录清除或销毁的过程，检查是否有残余信息等。

1.10.5 持续改进与监督

持续改进与监督阶段的主要活动包括<u>服务风险管理、服务测量、服务质量管理、服务回顾及服务改进</u>五项活动。

1. 服务风险管理

风险是在实现服务目标过程中所带来的不确定性和可能发生的危险。这些风险通常包括五个方面，即<u>人员、技术、资源、过程和其他</u>。

风险管理包括<u>策划、组织、领导、协调和控制</u>等活动，通过风险识别、风险分析和风险评估，提供一个有效的应对计划，并合理地使用回避、减少、分散或转移等方法，对风险实行有效的控制，妥善地处理风险造成的不利后果，并且付出的成本代价合理。

2. 服务测量

（1）服务测量的目标是监视、测量并评审服务及服务管理目标的完成情况，分析与服务计划的差距，并为服务改进提供依据。

（2）服务测量的活动：先明确测量的<u>目标和方向</u>是否与服务供方的运营目标及业务需求相匹配。以再从人员、资源、技术及过程几个要素分别描述具体测量活动。

1）服务人员测量：测量活动包括识别备份工程师对项目的满足度和可用性、测量人员招聘需求匹配率、收集培训的应用情况、人员能力测量、服务工作量测量、岗位职责更新情况、人员绩效考核分配机制测量、实时监控团队工作状态。

2）服务资源测量：跟踪服务资源现状和变化趋势，针对信息系统服务<u>运维工具、服务台、知识库和备件库</u>进行相关测量。以项目为单位，根据不同服务项目的进程需求，由系统规划与管理师周期性统计该项目的资源健康状态和使用情况。

a. 服务运维工具：对使用的监控工具、过程管理工具和专用工具的测量活动包括：测量工具的功能与服务管理过程是否有效匹配；相关工具的使用手册是否有效；监视工具的健康状态。

b. 服务台：测量接听率、派单准确率、录单率、平均通话时间等指标。

c. 备件库：测量活动包括盘点备件资产、统计备件损坏率、统计备件命中率、统计备件复用率。

d. 知识库：测量活动包括收集知识的积累数量、统计知识的利用率、统计知识的更新率、统计知识的完整性、计算各类知识的比重、统计知识新增数量与事件、问题发生数量的对比关系。

3）服务技术测量包括：识别研发规划、识别研发成果、技术手册及 SOP 统计、应急预案实施统计、监控点和阈值统计。

4）服务过程测量活动覆盖服务管控和服务执行两个层次。服务管控的测量指服务级别分析；服务执行的测量是事件统计分析、问题统计分析、变更与发布统计分析和配置统计分析。

a. 服务级别分析内容包括：服务 SLA 达成率分析、重大事件分析、人员绩效分析等。

b. 事件统计分析内容包括：重大事件回顾、事件统计和分析、汇总和发布等。

c. 问题统计分析内容包括：周期内问题数量、已解决问题数量、遗留问题数量、知识库更新信息等。

d. 变更与发布统计分析。变更经理负责监控每个变更、发布的执行过程的合规性及变更执行的有效性，并跟踪管理直至相关活动结束。

e. 配置统计分析。记录配置管理活动的细节，使得相关人员可以了解各配置项的内容和状态，确保配置项和基线的所有版本可以恢复；按照配置管理计划，定期或按事件驱动进行检查。

3. 服务质量管理

（1）信息技术服务质量评价模型。根据《信息技术服务 质量评价指标体系》（GB/T 33850—2017），信息技术服务质量模型有五类特性：安全性、可靠性、响应性、有形性、友好性。信息技术服务质量评价分为确定需求、指标选型、实施评价以及评价结果分级四个步骤。

（2）服务质量管理活动。服务质量管理活动包括服务质量策划、检查、改进等。

1）服务质量策划由服务质量负责人主导，策划的内容包括：确定服务质量的目标（常见的服务质量活动的形式包括项目质量保证、用户满意度管理、客户投诉管理、日常检查、质量文化和质量教育、体系内审及管审等 6 项）、确定服务质量管理相关的职责和权限、确定时间安排、确定质量策划文件。

2）服务质量检查活动包括：满意度调查、项目质量保证工作、内审、管理评审、日常检查、质量文化培训等。

检查活动形式包括定期召开质量会议、定期质量报告、不定期的邮件质量问题沟通。

3）服务质量改进：对质量问题应确定质量改进方向和改进目标，安排具体质量人员落实改进任务，最终的结果需要服务质量负责人和业务负责人决定并掌控。

4. 服务回顾

服务回顾的主要活动分为与客户回顾内容和团队内部回顾内容。

（1）服务回顾机制：采用表 1-8 中的四级服务回顾机制进行内外部服务回顾。

（2）与客户回顾内容侧重于：服务合同执行、服务目标达成、服务绩效与成果、满意度调查、服务范围与工作量、客户业务需求及变化、服务中存在的问题及行动计划、上一次会议中制订的行动计划的进展汇报。

表 1-8　四级服务回顾机制

级别	内容	频率	参与者
一级	针对重大事件、特殊事件的沟通，包括服务内容变更、客户投诉等	不定期按需沟通	系统规划与管理师、客户接口人
二级	项目月度例会，向客户汇报当月服务情况，包括服务量、SLA达成率、当月重大事件等内容	每月度	系统规划与管理师、客户接口人
三级	项目季度回顾，向客户汇报当季项目运营情况，包括服务数据分析、SLA达成率、客户满意度、服务改进计划等内容	每季度	系统规划与管理师、服务供方业务关系经理、客户接口人
四级	合作年度回顾，回顾项目的整体实施交付情况	每年度	服务供方高层管理人员、系统规划与管理师、服务供方业务关系经理、客户接口人

（3）团队内部回顾内容主要包括：上周期工作计划、本期遇到的特殊或疑难工单、本期内未解决的工单、各小组工作简报、本期的问题回顾、本周期内的工程师 KPI 总结、下周期工作计划安排。

5. 服务改进

服务改进主要活动包括服务改进设计、服务改进实施、服务改进验证。

（1）服务改进设计活动：包括定义服务改进目标、识别服务改进输入、制订服务改进计划、确认服务改进职责。服务改进计划内容主要包括文档介绍、基本信息、服务改进描述、服务改进方案、角色和职责、服务改进回顾。

（2）服务改进实施涉及服务的四要素：

1）人员的改进包括改善人员管理体制、提高 IT 人员素质、调整人员储备比例、调整人员和岗位结构。

2）资源的改进包括保障各类资源对业务的支撑作用、持续完善 IT 工具、持续优化服务台管理制度、知识库管理制度和备件库管理制度改进优化。

3）技术的改进包括技术研发计划重新规划及改进、技术成果优化改进、完善技术文档、改进应急预案、更新监控指标及阈值。

4）过程的改进包括完善现有过程、建立新的服务管理过程、调整过程考核指标、提升对外服务形象、提供新的服务、为业务部门提供管理报表。

（3）服务改进验证包括服务改进项目的检查、提交服务改进报告。具体验证过程包括按服务改进计划中所列项目对项目指标完成情况进行检查，检查结果记录在服务改进控制表中；对于未达标的项目，组织相关部门进行原因分析，制定改进措施，最后形成书面统计分析及改进报告，报主管领导及监督部门，由服务质量监督部门实施过程考核。

1.11 人员管理论文重要知识点

1.11.1 工作分析和岗位设计

1. 工作分析

（1）工作分析活动是指对组织分工和分工内容进行清晰的界定，让任职者更清楚工作的内容，甚至没有从事过某项工作的人也能清楚该工作是怎样完成的。

（2）工作分析的目的是明确所要完成的任务以及完成这些任务所需要的人的能力特征。

（3）工作分析的作用见表1-9。

表1-9 工作分析的作用

招聘和选择员工	发展和评价员工	薪酬政策	组织与岗位设计
● 人力资源计划 ● 识别人才招聘 ● 选择安置 ● 公平就业 ● 工作概览	● 工作培训和技能发展角色定位 ● 员工发展计划	● 确定工作的薪酬 ● 标准确保同工同酬 ● 确保工作薪酬差距公正合理	● 高效率和优化激励 ● 明确权责关系 ● 明确工作群之间的内在联系

（4）工作分析过程通常划分为四个阶段、十个具体步骤，见表1-10。

表1-10 工作分析步骤

阶段	步骤	内容
第一阶段： 明确工作分析范围	1	确立工作分析的目的
	2	确定工作分析的对象
第二阶段： 确定工作分析方法	3	确定所需信息的类型
	4	识别工作信息的来源
	5	明确工作分析的具体步骤
第三阶段： 工作信息收集和分析	6	收集工作信息
	7	分析所收集的信息
	8	向组织报告结果
	9	定期检查工作分析情况
第四阶段： 评价工作分析方法	10	以收益、成本、合规性和合法性等为标准评价工作分析的结果

（5）将工作分析的方法划分为定性和定量两类。

1）定性的工作分析方法主要有工作实践法、直接观察法、面谈法、问卷法和典型事例法，具体见表 1-11。

表 1-11 定性的工作分析方法优缺点对照表

方法	优点	缺点
工作实践法	准确了解任务和对技能、环境、社会等方面的要求，适用于短期内可以掌握的工作	不适用于需要进行大量训练和危险的工作
直接观察法	全面和比较深入地了解工作的要求，适用于工作内容主要是由身体活动来完成的工作	不适用于对脑力劳动要求比较高的工作和处理紧急情况的间歇性工作
面谈法	能够简单而迅速地收集工作分析信息，适用面广	工作分析经常是调整薪酬的前序，因此员工容易把工作分析看作变相的绩效考核，从而夸大其承担的责任和工作的难度，这就容易引起工作分析信息的失真和扭曲
问卷法	①能够迅速得到工作分析所需的信息，节省时间和人力，比其他方法费用低，速度快；②不会影响工作时间；③可以使样本量很大，适用于对很多工作者进行调查的情况；④资料可以数量化，由计算机进行数据处理	①设计调查表要花费时间、人力和物力，费用比较高，在使用之前还应该进行测试，为了避免误解，经常解释和说明；②单独进行调查表填写，缺少交流，被调研者可能不积极配合和认真填写，从而影响调查的质量
典型事例法	直接描述工作者在工作中的具体活动，可以揭示工作的动态性质	收集归纳典型事例并进行分类需要耗费大量时间

2) 定量的工作分析方法主要有<u>职位分析问卷法、管理岗位描述问卷法和功能性工作分析法</u>等。

2. 岗位设计

岗位设计内容：<u>工作内容设计、工作职责设计和工作关系设计</u>三个方面。

<u>工作内容设计的重点：</u><u>工作的广度、工作的深度、工作的完整性、工作的自主性以及工作的反馈性</u>五个方面。

<u>岗位设计方法：</u>科学管理方法、人际关系方法、工作特征模型、高绩效工作体系等。

1.11.2 人力资源战略与计划

1. 人力资源战略

（1）战略性人力资源管理。战略性人力资源管理被分为两个部分：一是人力资源战略；二是人力资源管理系统。

1) 人力资源战略是指人力资源在组织目标实现的过程中产生何种作用，即根据组织自身情况选择人力资源实践模式。

2) 人力资源管理系统是指人力资源管理的实践。

（2）人力资源战略模式。

1) 戴尔和霍德的人力资源战略模式分类。

- 诱因战略。特点：①强调对劳工成本的控制；②明确员工的工作职责；③富有竞争力的薪酬水平；④薪酬与绩效密切联系；⑤员工关系比较简单。

- 投资战略。特点：①强调人力资源的投资，重视人员的培训和开发；②在招聘中强调人才的储备；③员工被赋予广泛的工作职责；④注重良好的劳资关系和宽松的工作环境。
- 参与战略。特点：①鼓励员工参与到组织的管理和决策中；②管理人员是指导教练；③注重员工的自我管理和团队建设。

2）巴伦和克雷普斯的人力资源战略模式分类。
- 内部劳动力市场战略。特点：①组织内部层级分明，采用行政等级式的制度，为员工提供较多的晋升机会；②强调内部招聘渠道；③提供工作保障和发展机会，鼓励员工忠诚于组织，以维护组织独特的知识资本。
- 高承诺战略。特点：①更加认同扁平化的组织结构和团队合作，通过保证一定的员工流动率，获取组织所需要的知识和能力；②体现工作成果差别的薪酬制度。
- 混合战略。混合战略是介于内部劳动力市场战略和高承诺战略之间的一种战略模式。

2. 人力资源预测

内部供给预测与组织中各类人员的劳动力年龄分布、离职、退休和新员工情况等组织内部条件有关。

外部供给预测主要考量人力市场上相关人力的供给量与供给特点。

（1）人力资源需求预测。

1）人力资源需求预测的解释变量有：①组织的业务量；②预期的流动率；③提高业务质量，或者进入新行业的决策对人力需求的影响；④技术水平或管理方式的变化对人力需求的影响；⑤组织所拥有的财务资源对人力需求的约束。

2）人力资源需求预测一般有<u>集体预测、回归分析和转换比率</u>等方法。

（2）人力资源供给预测。常用的人力资源供给<u>预测的方法有</u>：人才盘点与技能清单、管理人员置换图、人力接续计划、转移矩阵法、人力资源信息系统和外部人力资源供给等。

3. 人力资源计划控制与评价

人力资源计划的三个部分：一是供给报表；二是需求报表；三是人力报表。

评价人力资源计划，目的是<u>发现计划与现实之间的差距，指导后续的人力资源计划活动</u>。

评价人力资源计划主要进行以下比较：

（1）实际的人员招聘数量与预测的人员需求量。

（2）工作效率的实际水平与预测水平。

（3）实际的和预测的人员流动率。

（4）实际执行的行动方案与计划的行动方案。

（5）实施计划的行动方案的实际结果与预期结果。

（6）人力费用的实际成本与人力费用预算。

（7）行动方案的实际成本与行动方案的预算。

（8）行动方案的成本与收益。

1.11.3 人员招聘与录用

1. 招聘过程

（1）人员的招聘活动：招聘计划制订、招聘信息发布、应聘者申请、人员甄选与录用以及招聘评估与反馈等。

（2）招聘计划的内容：①招聘的岗位、人员需求量、每个岗位的具体要求等；②招聘信息发布的时间、方式、渠道与范围等；③招聘对象的来源与范围等；④招聘方法；⑤招聘测试的实施部门；⑥招聘预算；⑦招聘结束时间与新员工到位时间等。

2. 招聘策略和渠道

（1）设计招聘策略的步骤：

1）对组织总体的环境进行研究；

2）在此基础上推断组织所需要的人力资源类型；

3）设计信息沟通的方式，使组织和申请人双方能够彼此了解各自相互适应的程度。

（2）常见的招聘渠道：内部来源、招聘广告、职业介绍机构、猎头组织、校园招聘、员工推荐与申请人自荐、网络招聘和临时性雇员等。

3. 录用方法

录用测试的类型可以归纳为：能力测试、操作与身体技能测试、人格与兴趣测试、成就测试、工作样本法、测谎器法、笔记判定法和体检等类型。

<u>工作样本法，是测试员工的实际业务能力而不是理论上的学习能力。</u>

工作样本法的测试可以是操作性的，也可以是口头表达的，或者对管理人员的情景测试。

<u>工作样本法实施步骤（程序）：</u>

（1）选择基本的工作任务作为测试样本。

（2）让受试者执行这些任务，并由专人观察和打分。

（3）求出各项工作任务的完成情况的加权分值。

（4）确定工作样本法的评估结果与实际工作表现之间的关系，以此决定是否选择这个测试作为员工选拔的依据。

4. 招聘面试

（1）面试程序：面试前的准备（明确面试的目的）、实施面试和评估面试结果。

（2）面试的类型：按照面试问题的结构化程度，可以将招聘面试分为<u>非结构化面试、半结构化面试和结构化面试。</u>

5. 招聘效果评估

招聘效果评估从五个方面进行，分别为<u>招聘周期、用人部门满意度、招聘成功率、招聘达成率和招聘成本。</u>

1.11.4 人员培训

1. 培训程序与培训类型

（1）员工培训。员工培训的基本步骤：

1）评估组织开展员工培训的需求，确定组织绩效或发展要求方面的偏差是否可以通过员工培训来弥补。

2）设定员工培训的目标。

3）设计培训项目。

4）培训的实施和评估。

（2）培训的类型包括入职培训及员工在职培训。

2. 培训内容与需求评估

（1）培训内容。员工在职培训内容一般可通过培训需求的<u>循环评估模型及前瞻性培训需求分析模型</u>确定。

循环评估模型针对员工培训需求需要依次从组织整体层面、作业层面和员工个人层面进行分析。具体可以从以下三个方面分析培训内容：

1）组织分析。

2）绩效分析。

3）任务分析。

（2）需求评估。前瞻性培训需求分析模型为这种情况提供了良好的分析框架，如图 1-13 所示。

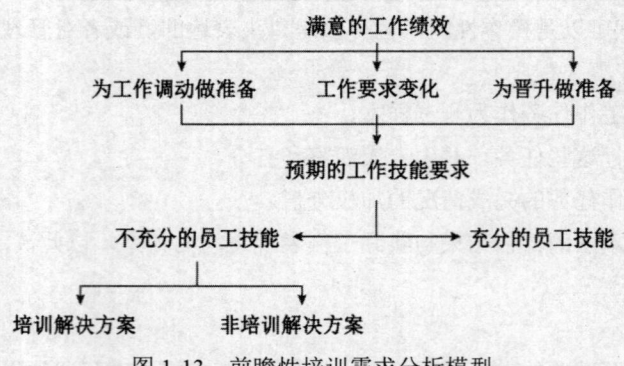

图 1-13 前瞻性培训需求分析模型

3. 培训效果评估与迁移

（1）培训效果评估。对受训者因培训产生能力变化的衡量，涉及反应、学习效果、行为变化和培训效果。

（2）培训迁移。有利于培训迁移的各种工作环境特征，见表 1-12。

表 1-12　促进培训迁移的工作环境特征

特征	举例
直接主管：鼓励受训者使用培训中获得的新技能和行为方式并为其设定目标	刚接受过培训的管理者与主管人员和其他管理者共同讨论如何将培训成果应用到工作中
任务线索：受训者的工作特点会督促或提醒其应用培训过程中获得的新技能和行为方式	刚接受过培训的人员的工作就是按照使用新技能的方式来设计的
反馈结果：直接主管支持应用培训中获得的新技能和行为方式	直接主管应关注那些应用培训内容的刚刚受过培训的人员
不轻易惩罚：对使用从培训中获得的新技能和行为方式的受训者不会公开责难	当刚受过培训的人员在应用培训内容出现失误时，不会受到惩罚
外部强化：受训者会因应用从培训中获得的新技能和行为方式而受到外在奖励	刚受过培训的人员若成功应用了培训内容，他们的薪水或考核绩效会增加
内部强化：受训者会因应用从培训中获得的新技能而受到内部激励	直接主管和其他管理者应表扬刚受过培训就将培训所教内容应用于工作中的人员

4. 组织绩效管理

（1）绩效管理基础。绩效管理作为一个管理循环系统分为四个环节，即<u>绩效计划、绩效实施与监控、绩效考核和绩效反馈面谈</u>，如图 1-14 所示。

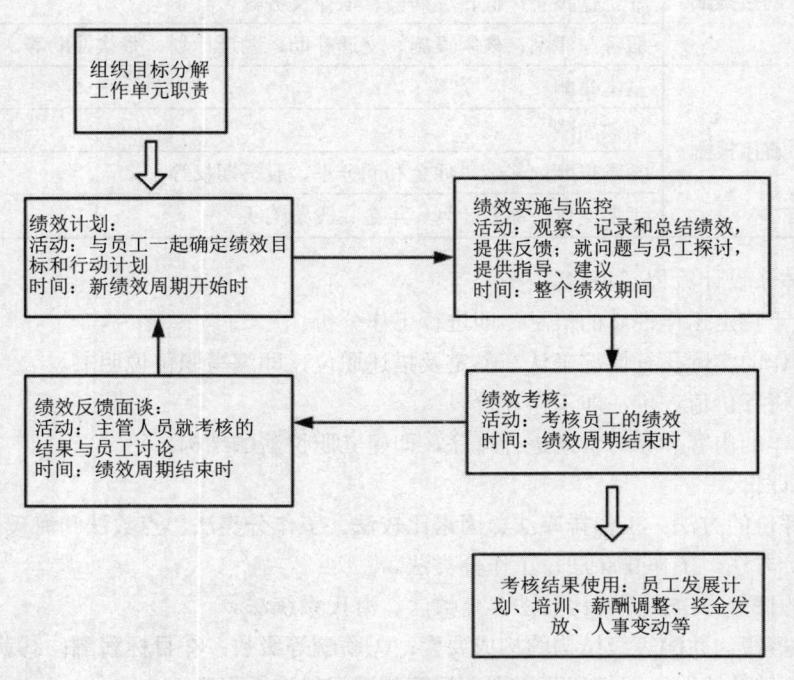

图 1-14　绩效管理的循环过程

（2）绩效考核方法：员工比较类评价法、关键事件法、行为对照表法、等级鉴定法和行为锚定评价法等。

（3）绩效反馈与绩效改进。

1）绩效反馈：主要通过考核者与被考核者之间的沟通，就被考核者在考核周期内的绩效情况进行面谈，在肯定成绩的同时找出工作中的不足。

2）绩效反馈的目的：让员工了解自己在本绩效周期内的绩效是否达到组织需求的目标、行为态度是否合格，让管理者和员工方对评估结果达成一致的看法。

3）绩效改进：确认组织或员工工作绩效的不足和差距，查明产生的原因，制订并实施有针对性的改进计划和策略，持续提高组织员工绩效的过程。

5. 组织薪酬管理

（1）薪酬体系。

外部公平性要求：组织的薪酬标准与其他组织相比有竞争力，否则难以吸引或留住人才。

内部公平性要求：使内部员工感到自己与同事之间在付出和所得的关系上合理。

薪酬体系构成见表1-13。

表1-13 薪酬体系构成

薪酬体系	间接报酬	保护项目：医疗保险、残疾、抚恤金、社会保险等
		非工作报酬：假日、病假、法律义务等
		服务与津贴：休闲设施、交通补助、融资计划、餐饮补助等
	直接报酬	基本薪酬
		绩效加酬
		激励报酬：奖金、佣金利润分享、股票期权等
		延期支付：储蓄计划、年金、股票购买

职位薪酬体系设计流程（步骤）：

1）收集关于特定工作性质的信息，即进行工作分析。

2）按照工作的实际执行情况确认、界定及描述职位，即编写职位说明书。

3）对工作进行价值评价，即工作评价。

4）根据工作的内容和相对价值进行排序，即建立职位薪酬结构。

（2）工作评价。

实施工作评价的方法：工作排序法、因素比较法、工作分类法、点数法和海氏系统法等。

非量化评价方法：工作排序法、工作分类法。

量化比较的评价方法：因素比较法、点数法、海氏系统法。

（3）薪酬等级。薪酬等级结构的构成要素：①薪酬等级数；②目标薪酬；③薪酬级差；④薪酬幅度；⑤薪酬重叠情况（即相邻两级别之间薪酬区间的重叠程度）。

（4）薪酬调整。

1）薪酬水平调整。按照调整的性质，薪酬水平的调整可分为：主动型薪酬水平的调整、被动型薪酬水平的调整。

2）薪酬结构调整。

纵向薪酬等级结构调整方法：增加薪酬等级和减少薪酬等级。

横向的薪酬构成调整形式：调整固定薪酬和变动薪酬的比例、调整不同薪酬形式的组合模式。

6. 人员职业规划与管理

（1）对员工职业道路（规划）的要求：

1）应该代表员工职业发展的真实可能性，无论是横向发展还是纵向升迁都不应该以通常的速度为依据。

2）应该具有尝试性，能够根据工作的内容、任职的顺序、组织的形式和管理的需要进行相应的调整，同时也不要过分集中于一个领域。

3）具有灵活性，要具体考虑每位员工的薪酬水平，以及对工作方式有影响的员工的薪酬水平。

4）说明每个职位要求员工具备的技能、知识和其他品质，以及具备这些条件的方法。

（2）组织的管理人员在员工的职业规划中应该承担的工作：

1）充当一种催化剂，鼓励员工为自己建立职业规划。

2）评估员工表达出来的发展目标的现实性和需要的合理性。

3）辅导员工做出组织与员工双方都愿意接受的行动方案。

4）跟踪员工的职业规划并指导其进行适当的调整。

（3）组织在员工职业规划中的责任：

1）提供员工制定自己的职业规划所需要的职业规划模型、信息、条件和指导。

2）为员工和管理人员提供建立职业规划所需要的培训。

3）提供技能培训和在职培训。

（4）员工职业管理过程中管理人员的责任：

1）发挥员工提供的信息的作用。

2）向员工提供自己负责的职位空缺的信息。

3）管理人员要综合有关的信息，为职位空缺确定合格的候选人，同时为员工发现职业发展机会。

（5）组织在员工职业管理中的责任：

1）为管理人员的决策过程提供信息和程序。

2）负责组织内部各类信息的及时更新。

3）设计出收集信息、分析信息、解释信息和利用信息的便捷方法，以确保信息利用的有效性。

4）监控和评价员工职业管理过程的执行效果。

1.12 规范与过程管理论文重要知识点

1.12.1 管理标准化

1. 标准化过程基本原理

标准化的基本原理：超前预防原理、系统优化原理、协商一致原理、统一有度原理、动变有序原理、互换兼容原理、阶梯发展原理、阻滞即废原理。

（1）超前预防原理。不仅要从依存标准化课题的实际重复发生的问题中选取，更应从其潜在的重复发生的（此为超前）问题中选取，以避免该对象非标准化发展后造成损失。

（2）系统优化原理。在能获取标准化效益的问题中，首先应考虑能获取最大效益的问题。

（3）协商一致原理。标准化活动的成果（即标准）应建立在相关各方协商一致的基础上。

（4）统一有度原理。统一有度原理是标准化的本质与核心，它使标准化对象的形式、功能及其他技术特征具有一致性。

（5）动变有序原理。标准的修订是有规定程序的，要按规定的时间、规定的程序进行修订和审批。

（6）互换兼容原理。互换性是指一种产品、服务或过程能代替另一产品、服务或过程满足同样需求的能力，它一般包括功能互换性和尺寸互换性。

（7）阶梯发展原理。标准化活动的过程是制定标准、组织实施标准、对标准的实施进行监督检查和评价的循环过程。标准的制定意味着标准化活动过程的开始。

（8）滞阻即废原理。任何标准都有二重性：既可促进标准化对象依存主体的顺利发展而获取标准化效益，也可制约或阻碍其依存主体的发展而带来负效应。当标准制约或阻碍其依存主体的正常发展时，应立即废止。标准到了有效期的最后一年，标准的审批部门或归口的技术委员会组织对标准的适用有效性进行审查，审查结果按下列四种方式处理：①更改；②修订；③废止；④确认。

2. 简化

简化的原则和要求：

（1）对客观事物进行简化时，既要对不必要的多样化加以压缩，又要防止过分压缩。

（2）对简化方案的论证应以确定的时间、空间范围为前提。

（3）简化的结果必须保证在既定的时间内，足以满足一般需要，不能因简化而损害用户和消费者的利益。

（4）对产品的简化要形成系列，其参数组合应尽量符合标准数值分级制度。

3. 系列化

系列化是对同一类产品中的各类产品参数按规定系数同时进行标准化的一种方法。

产品系列化的目的是简化产品品种和规格，尽可能满足多方面的需要。

产品的系列化一般可分为制定产品参数系列、编制产品系列型谱和开展产品的系列设计等三方面内容。

产品系列化设计的方法：

（1）首先在系列内选择基型。

（2）对基型产品进行技术设计或施工设计。

（3）向横的方向扩展，设计全系列的各种规格。

（4）向纵的方向扩展，设计变型系列或变型产品。（速记词：选基、设型、横挑规格、纵挑品系）

4. 组合化和模块化

组合化是按照标准化的原则，设计并制造出若干组通用性较强的单元（标准单元），根据需要拼合成不同用途的产品（或物品）的一种标准化形式。

5. 综合标准化

标准综合体按其性质可分为两大类：产品标准综合体（实物产品为对象）；一般技术性标准综合体（技术文件为对象）。

6. 超前标准化

超前指标的预测对象：

（1）标准化对象的科学技术水平。

（2）需求量。

a. 模拟法——计算在中期（5～7年）和长期（10年以上）情况下的需求量。

b. 直接计算法——用于确定短期内（1～2年）的需求量。

c. 标准法——主要用于编制中期预测方案。

d. 外推法——用于获取大致的预测数据。

（3）生态指标。

（4）经济指标。

1.12.2 流程规划

1. 端到端的流程

端到端的流程本身也是分级的。流程要从业务对象的需求出发，到需求得到满足为止（端到端的精髓，从目的出发，关注最终结果）。

2. 组织流程框架

流程规划工作不是推倒重来，而是系统化完善。流程规划不是一步到位，而是持续改进的过程。从端到端的流程到组织整体流程框架，称为流程从"线"到"面"的优化，具体包括两个方面：流程与战略的匹配和流程间运行始终协同。

3. 流程规划方法

流程规划小组，其成员至少应该包括：高级管理层、流程管理部门人员和涉及流程的部分负责人等。流程规划参考方法见表1-14。

表 1-14 流程规划参考方法

描述	工作路径	优缺点
岗位职责开始（从下到上）	（1）流程管理部门先确定每个部门的代表性岗位； （2）流程管理部门与每个代表性岗位进行工作访谈； （3）分解出主要工作并评价其重要度； （4）流程管理部门梳理出工作中包含的流程及其关键控制要点； （5）与各部门负责人访谈，补充和完善访谈结果； （6）汇总各部门的流程信息，完成流程清单和流程框架等	优点： （1）工作分析细致透彻，不容易遗漏； （2）因整个过程中流程管理部门起主导作用，对被访谈人的流程管理方面的专业知识、技能和经验要求不高； （3）各级流程干系人充分参与，工作成果容易被接受，流程规划成果的应用较容易推进。 缺点： （1）工作量比较大； （2）工作质量容易受访谈人的工作经验及描述工作能力影响
业务模型开始（从上到下）	（1）流程管理部门根据组织业务绘制业务模式简易模型； （2）流程管理部门进行模型分解； （3）流程管理部门与流程干系人就模型与现有的流程进行关联对接； （4）无法对接的部门，由流程管理部门与代表岗位人员进行工作访谈； （5）完成流程清单和流程总图	优点： （1）工作量相对比较小； （2）流程管理部门对整个工作控制力度大，工作进度和风险易于控制。 缺点： （1）因为没有对工作进行详细的分析，工作容易出现遗漏； （2）对参与人员的流程规划专业能力要求较高； （3）由于各级流程干系人未充分参与，工作成果可能不被认可

4．流程分类分级

组织流程通常可分为<u>战略流程</u>、运行流程和<u>支持流程</u>。

（1）战略流程：组织长中短期战略目标的规划、战略目标的分解、制定战略目标实现策略、确定所采用的竞争策略与商业模式、战略过程的控制与调整。

（2）运行流程：产品价值链（新产品管理）、市场链（营销和销售）、供应链（产品与服务的提供）和服务链（服务管理）等。

运行流程以战略流程为导向，以战略流程确定的架构为基础展开，逻辑顺序为：战略—业务模式—运行流程。

（3）支持流程：为运行流程提供支持与服务，包括<u>决策支持</u>、<u>后勤支持</u>与<u>风险控制</u>三类。支持流程一般是纵向职能专业导向的，设计时以战略流程为导向。

1.12.3 流程执行

保障流程管理有效执行的措施：

（1）理解流程是执行流程的前提（理解流程是什么、理解建立的原因、设计的目的、设计的原则）。

(2) 做好流程变更后的推广。
(3) 新员工入职流程制度培训。
(4) 找对流程执行负责人。
(5) 流程审计及监控。
(6) 把流程固化到信息系统中。
(7) 把流程固化到制度中(制度包括：流程必须遵守的规则；对流程执行绩效的激励制度)。
(8) 流程文化宣导。

1.12.4 流程评价

（1）流程检查方法。
1）流程稽查。流程稽查基本实施步骤见表 1-15。

表 1-15 流程稽查基本实施步骤

步骤	概述	描述
1	理解流程的目的、目标及管理原则	流程的本质不是流程图、流程制度，而是流程制度设计的思路，是流程的目的、目标及管理原则，流程制度通常展示的是实现目的的手段与方法。理解了流程的本质，做流程稽查才有明确的方向，才知道重点所在，否则只能做一些简单的制度与执行的核对工作
2	确定流程稽查的关键点	为提升流程稽查的效益，需要确定几个关键的稽查点。关键点的确定首先是从流程本质出发。关键点是对流程目的、目标的达成起关键作用的流程控制点。其次还需要考虑流程实际执行情况，有些关键点容易出现问题，而有的关键点绩效则很稳定，不需要安排稽查
3	确定稽查方法	稽查方法通常包括：检查记录与资料、现场观察执行、人员访谈等
4	设计稽查线路与实施计划	由于流程稽查可能要查阅多个记录，同样的记录会被多个不同稽查点使用，要保证流程稽查的效率，需要汇总不同稽查点的稽查方法，设计一个最佳的稽查路线
5	开展流程稽查	为了保证流程稽查的效果，不论是流程管理者还是独立的第三方，在开展流程稽查之前都应当与受稽查部门、岗位明确流程稽查的目的与背景，要强调流程稽查是基于改进流程的目的出发。开展流程稽查时的另外一个重要问题是一定要保证稽查记录的可追溯性、可量化及真实性，以便于对稽查问题的描述准确、清晰，从而有利于后续改进的确立
6	提交流程稽查报告	在正式提交流程稽查报告之前要与相关岗位人员充分地沟通，确保大家对于报告内容是经过充分沟通并达成一致的。另外，稽查报告需要暴露的问题应当是具有普遍性的、重大的、有代表性的
7	跟进流程稽查问题整改	流程稽查问题整改中，最关键的要素是问题严重度的评估及问题的根源分析。问题严重度评估的目的是根据组织资源配备状况及工作优先安排，考虑改进的投入及问题本身的重要度等

2）流程绩效评估。流程绩效评估的三个维度为：效果、效率、弹性。

流程效率的<u>典型指标</u>：处理时间、投入产出比、增值时间比例、质量成本等。

建立战略导向的流程绩效评估指标体系的步骤：①将组织战略目标按平衡计分卡从四个维度分解成符合效率管理模型（又称 SMART 原则）的目标；②将流程目标分解到组织一级流程上；③将一级流程目标分解到可管理级流程目标；④确定流程绩效评估指标体系。

3）满意度评估。满意度评估信息的来源有：日常沟通记录；投诉、抱怨信息；走访信息；电话回访；满意度问卷调查；满意度评估信息库的建立。

4）流程审计。流程审计的流程，见表 1-16。

表 1-16 流程审计的流程

活动	名称	说明
1	制订计划	组建审计组，确认审计组组长。组内成员至少有业务方面的专业技术人员，以确保审计的深度与效果
2	确定审计范围	根据审计的目的确定审计流程体系实际的范围，流程审计范围的确定是以流程为主线，要审哪些流程等
3	流程初步调研	以流程为主线厘清流程文件的作用与关联，建议画出完整的流程图，分析文件之间的一致性，包括版本之间的一致性及文件之间衔接的一致性。收集并分析流程的绩效测评资料与流程问题反馈。本项工作的目的是掌握流程存在的问题，以提高流程审计的针对性，提高审计的效率与效果
4	编制检查表	根据发现的问题，确定流程审计的重要关注点，根据流程文件与业务经验提炼出流程审计的检查点。将所有的检查点列出，并确定检查点审计的方法，如现场观察、问询、查阅记录等，并确定验证判断的标准及抽样的方法
5	制订审计实施计划	审计计划关键是对现场审计的人员、时间以及审计路线做好安排，内容通常包括审计目的、审计范围、审计依据和审计组成员等
6	召开首次会议	首次会议主要是与受审方确认审核计划，启动内部流程审计工作，以得到他们的支持
7	现场审计	现场审计是按照审计计划的安排，通过现场观察、查阅文件和有关记录，与受审方人员交谈和沟通，必要时要经实际测定等调查方法，抽取一定样本，查证发现问题和获取客观证据
8	补充审计	按审计计划完成审计之后，如果还存在不确定事项，而且又会对审计结果产生影响，应开展小范围的补充审计
9	编制审计报告	流程审计完成之后，流程审计组长应召开流程审计小组总结会议，以流程为主线将流程审计结果进行汇总串联，充分地说明审计过程与审计发现
10	召开末次会议	末次会议应邀请组织高层、流程管理者、受审方及流程执行关键人员参与。末次会议重点包括：流程审计简要介绍（目的、范围、依据、过程）；审计发现及不合格项；审计结论通报；与责任部门确定不合格整改的安排
11	改进追踪	流程审计小组负责流程审计发现不合格项的改进追踪。追踪是流程审计能否产生价值的关键所在，需要流程审计小组高度重视

（2）流程评价应用。流程检查结果可用于以下几个方面：①流程优化；②绩效考核；③过程

控制；④纠正措施；⑤战略调整。

1.12.5 流程持续改进

流程优化需求大致可分为三种：问题导向、绩效导向、变革导向。

项目化流程的<u>优化过程</u>：立项、现状分析及诊断、目标流程及配套方案设计、IT 方案设计与开发、新旧流程切换、项目关闭。

1.13 技术与研发管理论文重要知识点

1.13.1 技术研发管理

1. 目标和范围

任何技术从其诞生起就具有目的性，技术的目的性贯穿整个技术活动的过程。

<u>技术研发的目的</u>：①通过使用研发成果提高系统服务效率和服务质量；②将其应用到系统服务产品和服务工具中，以丰富和拓展服务范围，推动组织服务的发展。

<u>技术研发管理的目的</u>：进行技术创新，提升组织系统服务能力。

（1）技术研发的范围。技术研发的范围主要内容：

1）与系统运行相关的技术研发。

2）技术规范的研发。

3）发现信息系统中存在问题的技术和解决问题相关技术的研发。

4）运行维护工具研发。

5）IT 服务产品研发。

<u>IT 服务具有无形性、不可分离性、异质性与易消失性等特性。</u>

（2）管理对象。技术研发管理主要内容包括：①<u>研发团队</u>；②<u>研发过程</u>；③<u>研发成本</u>；④<u>研发项目</u>；⑤<u>研发绩效</u>；⑥<u>研发风险</u>。

2. 组织架构

技术研发是 IT 服务供方发展 IT 服务能力的重要活动，承担这项工作一般从技术研发管理角度来看，会存在的角色及其职责：

- 技术研发决策负责人，承担技术研发的总体决策。
- 技术研发需求负责人，负责技术研发需求调研和技术研发成果应用。
- 技术研发负责人，负责技术研发规划、技术研发的过程组织以及技术研发成果在 IT 服务中的应用支持。
- 质量管理负责人，是组织质量管理体系的建设、实施、检查和改进的负责人，也称质量管理部经理。

3. 管理过程

技术研发的管理过程：①规划过程；②实施过程；③监控过程；④应用过程。

技术研发规划阶段的工作主要有：研发需求调研、确定研发目标、制定研发方案、投入产出分析、形成立项报告、规划评审发布。此外，一定要注意区分技术研发管理过程和技术研发规划阶段的主要工作。

4. 管理要点

技术研发管理至少应具备以下三方面条件：①制造一个鼓励创新、适合研发的环境，必须采取弹性而目标化的管理，不以死板的制度限制员工的创意，必须要求实质的成果；②为使有限的资源发挥最大的效益，应将市场的观念融入研发中，最好是让市场人员参与研发的过程，这样成果才具有更高价值；③研发策略的制定与掌握，有了策略方针，才能使研发团队对手中所掌握的有限资源善加规划、运用，以求在最短的时间内达到最高效益。

（1）服务产品研发管理。

1）服务产品研发的定位。研发需求主要的两个来源：需方的需求和IT服务供方的业务拓展需求。

2）服务产品研发队伍：一般是一个虚拟的团队。

3）服务产品的研发成果：服务目录、服务交付方式、服务质量管理。

（2）IT服务规范研发管理。IT服务规范研发管理包括：①IT服务规范的研发定位；②IT服务规范的研发队伍；③IT服务规范的研发过程；④IT服务规范的研发环境；⑤IT服务规范的产出物。

（3）服务工具研发管理。

1）服务工具研发管理包括：①服务工具研发的定位（面向内部的服务过程管理工具、面向业务服务的监控工具和专用工具）；②服务工具的研发队伍；③服务工具的研发过程；④服务工具研发环境；⑤服务工具研发的产出物。

2）产出物需要包括：①工具发布包、工具使用手册等；②工具介绍文档；③服务工具的需求文档、设计文档和源代码。

（4）发现问题的技术和解决问题的技术研发管理。

1）发现问题的相关技术主要分为两类：一类是信息采集和监控的手段；另一类是诊断和分析问题的方法。

2）解决问题的相关技术也主要分为两类：一类是解决问题的方法和手段；另一类是问题解决的判断方法。

（5）新技术研究管理。新技术研究管理包括：①新技术研究的定位（支撑需方业务的新技术、支撑IT服务的新技术）；②新技术的研究队伍；③新技术的研究过程；④新技术的研究环境；⑤新技术研究的产出物（一般为应用前景分析报告、技术文档和培训教材）。

1.13.2 技术研发应用

1. 管理要点

技术研发应用过程中的管理要点：①技术风险与机遇；②判断与选择；③技术验证；④技术决策；⑤技术应用；⑥技术实现跟踪管理。

2. 主要应用

（1）知识转移。知识转移的内容：

1）历史运维资料：相关工作界面和人员职责说明书；内外部支持信息（开发商、厂商、业务部门、公司内部相关部门）。

2）基础架构资料：系统部署和网络物理拓扑；系统架构说明，软/硬件配置；系统数据备份与恢复操作说明书；系统应急、容灾处理方案（如集群切换和恢复）；系统日常运维操作手册。

3）应用系统资料：应用系统测试报告；应用系统使用手册；应用系统需求和设计文档；应用系统安装配置手册；应用版本说明。

4）业务资料：业务架构图（业务功能模块在系统中的分布）；业务流程（系统交互、工作流说明、业务功能说明、业务对象说明）；业务场景说明（前台业务高峰说明、后台关键作业时间周期）；业务培训资料；业务运维文档（业务问题 FAQ、业务问题诊断）。

（2）应急响应预案的制定与演练。应急演练原则：①结合实际、合理定位；②着眼实战、讲求实效；③精心组织、确保安全；④统筹规划、厉行节约。

（3）标准操作规范（Standard Operating Procedure，SOP）。

1）SOP 的作用：①将组织积累下来的技术和经验记录在标准文件中；②使操作人员经过短期培训，快速掌握较为先进合理的操作技术；③树立良好的服务形象，取得客户信赖与满意；④SOP 是贯彻标准化作业的具体体现；⑤SOP 是系统规划与管理师最基本、最有效的技术管理手段。

2）SOP 遵循的原则：①在人力、财力、物力等资源允许的范围内可以做到；②IT 服务人员都能看懂，且每个人的理解都相同；③效率最高和成本最低，并识别出关键风险点；④SOP 正式发布前要经过测试与评价环节；⑤可以根据业务与技术发展需求实现快速迭代。

（4）技术手册发布的流程：①审核；②存档；③发放。

（5）搭建测试环境。搭建发现与解决问题所需的测试环境，通过测试验证技术的可行性和可靠性等要求，增强客户和服务提供方的信心，规避 IT 服务的潜在缺陷，有效减少突发事件的发生率。

（6）对技术成果进行培训与知识转移，包括：①知识性研发成果培训；②工具类研发成果培训；③应急预案与解决方案手册的知识转移。

（7）对技术成果的内容进行演练或推演。

1）演练：定期对应急预案、灾备方案进行仿真演习，必要时需要所有相关方参加，并投入充足的资源。

2）推演：通过沙盘或模拟的方式，对可能发生的情况进行研讨。

1.13.3 知识产权管理

1. 目标和范围

知识产权包括专利权、商标权、著作权、商业秘密等几种形式。

2. 管理职责

组织知识产权管理的指导原则：战略导向、领导重视、全员参与、全程管理。

3. 管理制度和流程

（1）知识产权获取。知识产权获取措施：

1）明确获取的方式或途径。

2）建立必要的审核机制或工作流程，防止非正常申请专利行为、不正当获取他人商业秘密、歪曲、篡改、剽窃他人作品等情况的出现。

3）确保专利质量得到管控，在申请专利前进行必要的检索和分析，以评价获得专利权的前景以及可实现的价值，并保障发明创造人员的署名权。

4）适时办理作品登记，明确职务作品、委托作品、合作作品等著作权及与著作权有关的权利的权属，保留作品创作过程的记录，保障作品作者的署名权。

5）通过遴选、密级划分等方式确定商业秘密的范围、保密事项等。

（2）知识产权运用。知识产权运用包括：实施和使用、许可和转让、投融资、企业重组、标准化。

（3）知识产权保护。

1）风险管理。风险管理的具体措施：①采取措施，避免或降低侵犯他人知识产权的风险；②分析可能发生的纠纷及其对组织的损害程度，提出防范与应对预案；③对知识产权风险进行识别、分析和监测，采取相应风险控制措施；④按要求开展商业秘密管理工作；⑤开展必要的知识产权合规、保密审查，并保留成文信息；⑥开展知识产权风险分析，对不同级别的风险采取适当的方式加以预防和应对。

2）争议处理。在处理产权纠纷时，评估通过协商、诉讼、仲裁、调解等不同处理方式，选取适宜的争议解决方式。

4. 评价、审核与改进

评价知识产权合规管理体系的绩效，确保知识产权合规义务被履行，应从以下几个方面评价：

（1）知识产权价值实现的符合性。

（2）知识产权合规管理体系的绩效和有效性。

（3）策划是否得到有效实施。

（4）知识产权合规的监测结果。

（5）应对风险和机遇所采取措施的有效性。

（6）外部供方的绩效。

（7）知识产权合规管理体系改进的需求。

1.14　资源与工具管理论文重要知识点

1.14.1　研发与测试管理

1．研发管理工具

（1）软件开发工具。常用的软件开发工具有：Visual Studio 集成开发环境、Eclipse、PyCharm。

1）Eclipse 是基于 Java 的、开放源代码的可扩展集成开发平台。Eclipse 的主要特点如下：
- 完全开放源代码。
- 跨平台。
- 插件化。
- 强大的 Java 支持。
- 高级的代码编辑功能。
- 集成的构建工具。
- 版本控制支持。
- 丰富的社区资源。

2）PyCharm 是由 JetBrains 公司开发的一款 Python IDE。PyCharm 的主要特性如下：
- 智能代码编辑器。
- 代码审查工具。
- 集成的 Python 调试器。
- 集成的单元测试。
- 集成的版本控制系统。
- 远程开发功能。
- 数据库工具。
- Web 开发支持。

（2）代码管理工具。

1）集中式版本控制工具：Subversion（简称 SVN）就是一种典型的集中式版本控制工具。

SVN 的特点：①每个版本库有唯一的 URL，每个用户都从这个地址获取代码和数据，包括同步更新；②提交必须有网络连接（非本地版本库）；③提交需要授权；④提交并非每次都能成功，后提交者需要基于最新的提交版本先解决代码冲突才能提交。

2）分布式版本控制工具。Git 是一个非常典型和常用的分布式版本控制工具，用于敏捷高效地处理各种大小的项目。

分布式版本控制和集中式版本控制系统截然不同的是，<u>分布式版本控制系统的服务端和客户端都有一套完整的版本库</u>。

79

（3）软件配置管理工具。软件配置管理简称 SCM，常见的配置管理工具有 Harvest、ClearCase、StarTeam 和 Firefly 等。

配置管理工具的功能：①项目管理；②版本管理和基线控制；③增强的版本控制；④流程控制和变更管理；⑤资源维护；⑥过程自动化；⑦管理项目的整个生命周期；⑧与主流开发环境的集成。

2. 测试管理工具

（1）自动化软件测试工具。软件自动化测试是一个相对独立且完整的测试过程，包括自动化测试计划、自动化测试设计、自动化测试实施和自动化测试执行四个阶段。

软件自动化测试工具的标准流程可以提供一套完整的测试流程框架，测试团队可以此为基础做进一步的定制软件测试流程，如图 1-15 所示。

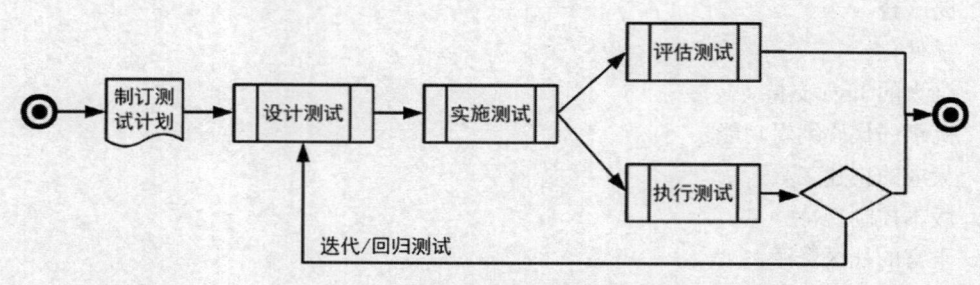

图 1-15　软件自动化测试工具流程图

自动化测试工具又可划分为白盒测试工具、黑盒测试工具和性能测试工具。

1）功能测试工具（Unified Functional Testing，UFT）。支持广泛的平台和开发语言，如 Web、VB、NET、Java 等，适用于各种规模的软件项目。

UFT 的主要功能：图形用户界面测试、API 测试、数据驱动测试、关键字驱动测试、脚本语言、集成开发环境、报告和分析。

2）性能测试工具 LoadRunner。LoadRunner 是一个应用广泛的性能测试工具。

测试基本流程：计划测试—创建脚本—定义场景—运行场景—分析结果。

LoadRunner 的主要特性：负载生成、协议支持、脚本录制和编辑、性能监控和分析、集成监控、报告和分析。

（2）测试管理工具。常见的测试工具如下：

1）TestRail 是一个测试用例管理工具。

2）Quality Center 是基于 Web 的测试管理工具，包括制定测试需求、计划测试、执行测试和跟踪缺陷。

3）Bugzilla 是一个开源的缺陷跟踪系统，用于跟踪软件开发过程中的缺陷、错误和问题。

3. 研发与测试环境搭建和维护

（1）研发测试环境部署遵循的步骤：①硬件设备的选取和配置；②操作系统的安装和配置；③应用程序的安装和配置；④数据库的安装和配置；⑤测试工具和脚本的准备。

（2）研发测试环境维护需要遵循的要求：①定期备份研发测试环境数据；②定期更新研发测试环境软件和补丁；③定期清理研发测试环境数据和日志；④监控研发测试环境状态。

1.14.2 运维管理

1. 监控工具

（1）常见监控工具。

1）Zabbix：是一个组织级的开源分布式监控解决方案（监控 IT 基础设施方面），它基于 Web 界面提供分布式系统监控以及网络监控功能。

2）Nagios：是一款用于监控系统、网络和 IT 基础设施的开源应用程序。

3）Prometheus：是一套开源的系统监控报警框架［采用拉（Pull）模型架构］，它既适用于面向服务器等硬件指标的监控，也适用于高动态的面向服务架构的监控。

（2）统一运维监控平台。统一运维监控体系一般包括：数据采集、数据检测、告警管理、故障管理、视图管理和监控管理六大模块。

常见的运维监控平台建设方式：基于开源监控软件自主开发、定制商业化运维监控平台。

2. 过程管理工具

过程管理工具的作用主要是根据合同约定的服务级别协议（SLA），对运行维护服务的交付过程或 IT 服务的全过程进行管理，实现 IT 服务的可视、可管、可控、可衡量，从而提升 IT 服务质量、降低服务风险、提高服务满意度。

IT 服务管理（IT Service Management，ITSM）系统是实现过程管理的主要工具。

ITSM 是一套面向过程、以客户为中心的管理方法和规范。

市场上常见的 ITSM 工具有：

（1）Jira Service Management。

（2）ServiceHot ITSM，已完成国产化适配，可在国产化计算机环境中稳定运行。

3. 自动化专用工具

（1）作业调度/批处理工具：用于实现常规化、标准化作业的统一管理，降低作业执行错误风险，降低服务人员的工作强度，提高服务质量和服务效率。

常见作业调度和批处理工具如下：

1）Puppet，主要用于管理和部署各种应用程序和服务。

2）SaltStack，是 C/S 模式，其执行过程需要等待客户端全部返回，如果客户端没有及时返回或者没有响应的话，可能会导致部分机器没有执行结果。

3）Ansible，安装使用都很简单，支持虚拟容器多层级的部署。

（2）操作自动化工具。

1）Jenkins，是一款持续集成自动化工具，适用于自动构建、测试和部署软件项目，能够实现快速的迭代开发和交付。

2）Chef，是新一代的自动化 IT 工具，主要用于自动化部署、配置和管理云计算、物联网环境，非常适合基于云业务的开发运维团队进行自动化部署和管理。

4. 服务台

常见的服务台工具有：<u>ServiceDesk Plus、ServiceHot、云智慧服务台</u>。

5. 知识管理

常见的知识库工具有：<u>ITSM 内置知识库、Confluence、PingCode Wiki</u>。

6. 备品备件管理

<u>备品备件管理的常见功能：①库存信息管理；②备件维保服务生命周期管理；③出入库审批流程；④备件查询与追踪</u>。

7. 新型运维工具

（1）AIOps（Artificial Intelligence for IT Operations），即智能运维，旨在利用大数据、人工智能或机器学习技术，把运维人员从一些纷繁复杂的运维事务中解放出来。常见解决方案和平台如下：

1）<u>嘉为蓝鲸智能运维解决方案</u>。

2）<u>云智慧智能业务运维平台</u>。

云智慧智能业务运维平台可适配国产的主流 CPU、操作系统、数据库、中间件等，支持本土组织构建安全、自主、可控的信息技术应用创新体系。

（2）DevOps。常见的 DevOps 工具如下：

1）版本控制工具，如 Git、Mercurial、SVN（Subversion）等。

2）自动化构建工具，如 Maven、Gradle 等。

3）自动化测试工具，如 Selenium、JUnit 等。

4）持续集成/持续交付工具，如 Jenkins、Travis CI、GitLab CI/CD 等。

5）配置管理工具，如 Ansible、Chef、Puppet 等。

6）日志管理工具，如 ELK Stack（Elasticsearch、Logstash、Kibana）、Graylog 等。

7）容器化工具，如 Docker、Kubernetes 等。

8）云平台，如 AWS、Microsoft Azure、Google Cloud Platform 等。

（3）云管理。常见的云管理工具如下：

1）虚拟化云 CloudOS 工具。此类工具最大限度地利用现有的硬件资源，提升 IT 投资回报率。

2）CMP 云管理工具。此类工具包含云资源适配器、云资源管理、云服务管理、云运营管理、云门户等功能。

3）CSM 云安全工具。此类工具提供了面向云资源的综合安全监控和处置能力，包含安全监测、安全审计、威胁分析、安全防护、安全处置等能力。

4）CPS 云专业服务工具。此类工具包含云迁移、云测试、云备份等云工具。

1.14.3 项目管理工具

1. 常用项目管理工具

（1）PingCode：一款覆盖软件研发全生命周期的项目管理系统，是国内相对比较成熟的敏捷开发项目管理软件，完整支持标准的 Scrum 敏捷开发流程、敏捷 Kanban 开发流程，以及规模化敏捷的管理。

PingCode 可以满足的业务场景：敏捷开发、Kanban 管理、瀑布模型开发、产品需求管理、文档协作、测试管理、研发效能度量。

（2）禅道：一款国产开源的专业研发项目管理软件。

禅道的四个核心管理框架包括：项目集、产品、项目和执行。

禅道提供三种典型的项目管理模型：Scrum 敏捷开发全流程项目管理、瀑布式项目管理模型、专业研发看板项目管理。

（3）Jira：全球最早的软件研发过程管理工具之一。

（4）Microsoft Project 的主要功能包括：①项目计划；②任务管理；③资源管理；④时程表和进度管理；⑤多种视图；⑥报告；⑦路线图；⑧项目协作。

2．项目管理工具的选择

选择项目管理工具需要考虑的因素：①团队规模；②团队的工作方式；③业务需求；④自定义和可扩展性；⑤易用性；⑥安全性；⑦成本。

1.15　信息系统项目管理论文重要知识点

1.15.1　项目基本要素

1．项目基础

（1）项目是为创造独特的产品、服务或成果而进行的临时性工作。

（2）独特的产品、服务或成果。

1）可交付成果是指在某一过程、阶段或项目完成时，形成的独特并可验证的产品、成果或服务。

2）可交付成果可能是有形的，也可能是无形的，如一个软件产品、一份报告。

3）实现项目目标可能会产生一个或多个可交付成果。

（3）临时性工作。

1）项目的"临时性"是指项目有明确的起点和终点。

2）"临时性"并不一定意味着项目的持续时间短。

（4）项目启动背景：符合法律法规或社会需求，满足干系人要求或需求，创造、改进或修复产品、过程或服务，执行、变更业务或技术战略。

2．项目管理的重要性

（1）有效的项目管理能够帮助个人、群体以及组织：①达成业务目标；②满足干系人的期望；

③提高可预测性；④提高成功的概率；⑤在适当的时间交付正确的产品；⑥解决问题和争议；⑦及时应对风险；⑧优化组织资源的使用；⑨识别、挽救或终止失败项目；⑩管理制约因素（例如，范围、质量、进度、成本、资源）；⑪平衡制约因素对项目的影响（例如，范围扩大可能会增加成本或延长进度）；⑫以更好的方式管理变更等。

（2）项目管理不善或缺失可能导致：①项目超过时限；②项目成本超支；③项目质量低劣；④返工；⑤项目范围失控；⑥组织声誉受损；⑦干系人不满意；⑧无法达成目标等。

（3）有效的和高效的项目管理是一个组织的战略能力。它能够使组织：①将项目成果与业务目标联系起来；②更有效地展开市场竞争；③实现可持续发展；④通过适当调整项目管理计划，以应对外部环境改变给项目带来的影响等。

3. 项目成功的标准

项目成功可能涉及与组织战略和业务成果交付相关的标准与目标，这些项目目标可能包括：①完成项目效益管理计划；②达到可行性研究与论证中记录的已商定的财务测量指标，这些财务测量指标可能包括净现值（Net Present Value，NPV）、投资回报率（Return on Investment，ROI）、内部报酬率（Internal Rate of Return，IRR）、投资回收期（Payback Period，PBP）和效益成本比率（Benfit Cost Ratio，BCR）；③达到可行性研究与论证的非财务目标；④组织从"当前状态"成功转移到"将来状态"；⑤履行合同条款和条件；⑥达到组织战略、目的和目标；⑦使干系人满意；⑧可接受的客户/最终用户的采纳度；⑨将可交付成果整合到组织的运营环境中；⑩满足商定的交付质量；⑪遵循治理规则；⑫满足商定的其他成功标准或准则（例如，过程产出率）等。

4. 项目、项目集、项目组合和运营管理之间的关系

（1）项目集是一组相互关联且被协调管理的项目、子项目集和项目集活动，目的是获得分别管理无法获得的利益。项目集不是大项目。

（2）项目集的具体管理措施包括：①调整对项目集和所辖项目的目标有影响的组织或战略方向；②将项目集范围分配到项目集的组成部分；③管理项目集组成部分之间的依赖关系，从而以最佳方式实施项目集；④管理可能影响项目集内多个项目的项目集风险；⑤解决影响项目集内多个项目的制约因素和冲突；⑥解决作为组成部分的项目与项目集之间的问题；⑦在同一个治理框架内管理变更请求；⑧将预算分配到项目集内的多个项目中；⑨确保项目集及其包含的项目能够实现效益。

（3）项目组合是指为实现战略目标而组合在一起管理的项目、项目集、子项目组合和运营工作的集合。

（4）项目组合管理是指为了实现战略目标而对一个或多个项目组合进行的集中管理。

（5）项目组合中的项目集或项目不一定存在彼此依赖或直接相关的关联关系。

（6）项目组合、项目集、项目和运营在特定情况下是相互关联的，如图1-16所示。

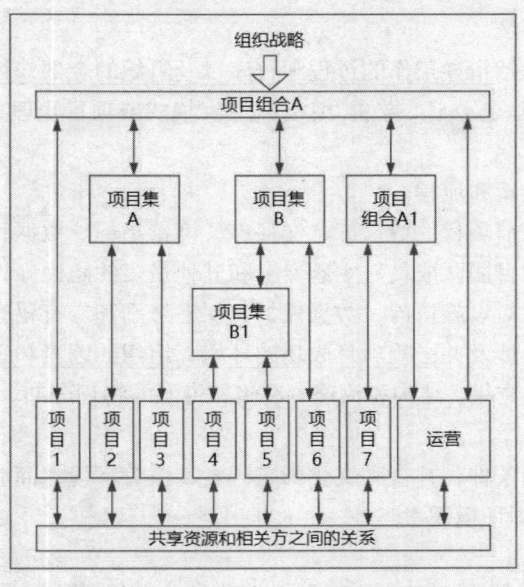

图 1-16 项目组合、项目集、项目和运营的相互关联

（7）从组织的角度看，项目和项目集管理的重点在于以"正确"的方式开展项目集和项目，即"正确地做事"。项目组合管理则注重于开展"正确"的项目集和项目，即"做正确的事"。

（8）项目组合管理的目的：

1）指导组织的投资决策。

2）选择项目集与项目的最佳组合方式，以达成战略目标。

3）提高决策透明度。

4）确定团队资源分配的优先级。

5）提高实现预期投资回报的可能性。

6）集中管理所有组成部分的综合风险。

7）确定项目组合是否符合组织战略。

（9）运营管理。

1）运营管理关注产品的持续生产、服务的持续提供。

2）运营管理使用最优资源满足客户要求，以保证组织或业务持续高效地运行。

3）运营管理重点管理把输入（如材料、零件、能源和人力）转变为输出（如产品、服务）的过程。

（10）组织级项目管理。项目组合、项目集和项目都需要符合组织战略，由组织战略驱动，并以不同的方式服务于战略目标的实现：①项目组合管理通过选择适当的项目集或项目，对工作进行优先级排序，并提供所需资源，与组织战略保持一致；②项目集管理通过对其组成部分进行协调，对它们之间的依赖关系进行控制，从而实现既定收益；③项目管理使组织的目标得以实现。

5. 项目内外部运行环境

（1）组织过程资产包括指导工作的过程和程序以及组织的全部知识。包括但不限于：

1）过程资产：包括工具、方法论、方法、模板、框架、模式或项目管理办公室（Project Management Office，PMO）资源。

2）治理文件：包括政策和流程。

3）数据资产：包括以前项目的数据库、文件库、度量指标、数据和工件。

4）知识资产：包括项目团队成员、主题专家和其他员工的隐性知识。

5）安保和安全：包括对设施访问、数据保护、保密级别和专有秘密的程序和实践等。

（2）事业环境因素指涉及并影响项目成功的环境、组织的因素和系统。

1）内部因素包括组织文化、结构和治理、设施和资源的物理分布、基础设施、信息技术软件、资源可用性、员工能力。

2）外部因素包括市场条件、社会和文化影响因素、监管环境、商业数据库、学术研究、行业标准、财务考虑因素、物理环境因素。

6. 组织系统

（1）组织内多种因素的交互影响创造出一个独特的组织系统，该组织系统会影响项目的运行，并决定组织系统内部人员的权力、影响力、利益、能力等，包括治理框架、管理要素和组织结构类型。

（2）治理框架是在组织内行使职权的框架，包括规则、政策、程序、规范、关系、系统和过程。

（3）管理要素是组织内部关键职能部门或一般管理原则的组成部分。组织根据其选择的治理框架和组织结构类型确定一般的管理要素。

（4）不存在适用于所有组织的通用的结构类型，特定组织最终选取和采用的组织结构具有各自的独特性，见表1-17。

表1-17 组织结构对项目的影响

组织结构类型	项目特征					
	工作安排人	项目经理批准	项目经理的角色	资源可用性	项目预算管理人	项目管理人员
系统型或简单型	灵活；人员并肩工作	极少或无	兼职；工作角色（如协调员）指定与否不限	极少或无	负责人或操作员	极少或无
职能（集中式）	正在进行的工作（例如，设计、制造）	极少或无	兼职；工作角色（如协调员）指定与否不限	极少或无	职能经理	兼职
多部门（职能可复制，各部门几乎不会集中）	其中之一：产品、生产过程、项目组合、项目集、地理区域、客户类型	极少或无	兼职；工作角色（如协调员）指定与否不限	极少或无	职能经理	兼职

续表

组织结构类型	项目特征					
	工作安排人	项目经理批准	项目经理的角色	资源可用性	项目预算管理人	项目管理人员
矩阵——强	按工作职能，项目经理作为一个职能	中到高	全职指定工作角色	中到高	项目经理	全职
矩阵——弱	工作职能	低	兼职：作为另一项工作的组成部分，并非指定工作角色，如协调员	低	职能经理	兼职
矩阵——均衡	工作职能	低到中	兼职：作为一种技能的嵌入职能，不可以是指定工作角色（如协调员）	低到中	混合	兼职
项目导向（复合、混合）	项目	高到几乎全部	全职指定角色	高到几乎全部	项目经理	全职
虚拟	网络架构，带有与他人联系的节点	低到中	全职或兼职	低到中	混合	全职或兼职
混合型	其他类型的混合	混合	混合	混合	混合	混合
项目管理办公室（PMO）	其他类型的混合	高到几乎全部	全职：指定工作角色	高到几乎全部	项目经理	全职

（5）项目管理办公室（PMO）。

1）项目管理办公室（PMO）是项目管理中常见的一种组织结构，PMO 对与项目相关的治理过程进行标准化，并促进资源、方法论、工具和技术共享。PMO 的职责范围可大可小，小到提供项目管理支持服务，大到直接管理一个或多个项目。

2）PMO 有如下几种类型：

a. 支持型：PMO 担当顾问的角色，向项目提供模板、最佳实践、培训，以及来自其他项目的信息和经验教训。这种类型的 PMO 其实就是一个项目资源库，对项目的控制程度很低。

b. 控制型：PMO 不仅给项目提供支持，而且通过各种手段要求项目服从，这种类型的 PMO 对项目的控制程度属于中等。

c. 指令型：PMO 直接管理和控制项目。项目经理由 PMO 指定并向其报告。这种类型的 PMO 对项目的控制程度很高。（注意：直接控制项目不是控制型，是指令型。）

3）PMO 的一个主要职能是通过各种方式向项目经理提供支持，包括：①对 PMO 所辖全部项目的共享资源进行管理；②识别和制定项目管理方法、最佳实践和标准；③指导、辅导、培训和监督；④通过项目审计，监督项目对项目管理标准、政策、程序和模板的合规性；⑤制定和管理项目政策、程序、模板及其他共享的文件（组织过程资产）；⑥对跨项目的沟通进行协调等。

1.15.2 项目经理的影响力范围

项目经理在其影响力范围内可担任多种角色，会涉及项目、组织、行业、专业学科和跨领域范围内的角色。

1.15.3 项目经理的能力

项目经理需要重点关注三个方面的关键技能，包括**项目管理、战略和商务、领导力**。为了最有效地开展工作，项目经理需要平衡这三种技能。

（1）项目管理技能指有效运用项目管理知识实现项目集或项目的预期成果的能力。顶尖的项目经理往往具备如下几种关键项目管理技能：①重点关注并随之准备好所管理的各个项目的关键项目管理要素，包括项目成功的关键因素、进度表、指定的财务报告和问题日志；②针对每个项目裁剪传统工具、敏捷工具、技术、方法；③花时间制订完整计划并谨慎排定优先顺序；④管理项目要素，包括进度、成本、资源风险等。

（2）战略和商务管理技能包括：了解组织概况、有效协商，以及执行有利于战略调整和创新的决策及行动的能力。

（3）领导力技能包括：指导、激励和带领团队的能力。

管理与领导力的区别见表 1-18。

表 1-18 管理与领导力的区别

管理	领导力
直接利用职位权力	利用关系的力量指导、影响与合作
维护	建设
管理	创新
关注系统和架构	关注人际关系
依赖控制	激发信任
关注近期目标	关注长期愿景
了解方式和时间	了解情况和原因
关注赢利	关注范围
接受现状	挑战现状
正确地做事	做正确的事
关注可操作性的问题和问题的解决	关注愿景、一致性、动力和激励

领导力风格包括：

1）放任型（允许团队自主决策和设定目标，又称为"无为而治型"）。

2）交易型（根据目标、反馈和成就给予奖励）。

3）服务型（服务优先于领导）。

4）变革型（通过理想化特质和行为、鼓舞性激励、促进创新和创造，以及个人关怀提高追随者的能力）。

5）魅力型（能够激励他人）。

6）交互型（结合了交易型、变革型和魅力型领导的特点）等。

1.15.4 项目管理原则

项目管理原则包括：勤勉、尊重和关心他人；营造协作的项目团队环境；促进干系人有效参与；聚焦于价值；识别、评估和响应系统交互；展现领导力行为；根据环境进行裁剪；将质量融入过程和成果中；驾驭复杂性；优化风险应对；拥抱适应性和韧性；为实现目标而驱动变革。

1.15.5 项目生命周期和项目阶段

（1）项目生命周期指项目从启动到收尾所经历的一系列阶段。这些阶段之间的关系可以顺序、迭代或交叠进行。

（2）项目的规模和复杂性各不相同，但所有项目都呈现包含启动项目、组织与准备、执行项目工作和结束项目四个项目阶段的通用的生命周期结构。

（3）通用的生命周期结构具有的特征：

1）成本与人力投入在开始时较低，在工作执行期间达到最高，并在项目快要结束时迅速回落。

2）风险与不确定性在项目开始时最大，并在项目的整个生命周期中随着决策的制定与可交付成果的验收而逐步降低；做出变更和纠正错误的成本，随着项目越来越接近完成而显著增高。

（4）项目生命周期类型。

1）预测型生命周期。采用预测型开发方法的生命周期适用于已经充分了解并明确确定需求的项目，又称为瀑布型生命周期。

2）迭代型生命周期。采用迭代型生命周期的项目范围通常在项目生命周期的早期确定，但时间及成本会随着项目团队对产品理解的不断深入而定期修改。

3）增量型生命周期。采用增量型生命周期的项目通过在预定的时间区间内渐进增加产品功能的一系列迭代来产出可交付成果。只有在最后一次迭代之后，可交付成果具有了必要和足够的能力，才能被视为完整的。

迭代方法和增量方法的区别：迭代方法是通过一系列重复的循环活动来开发产品，而增量方法是渐进地增加产品的功能。

4）适应型生命周期。采用适应型开发方法的项目又称为敏捷型或变更驱动型项目，适合于需求不确定，不断发展变化的项目。

5）混合型生命周期，是预测型生命周期和适应型生命周期的组合。

生命周期之间的联系与区别见表 1-19。

表1-19　生命周期之间的联系与区别

预测型	迭代型与增量型	适应型
需求在开发前预先确定	需求在交付期间定期细化	需求在交付期间频繁细化
针对最终可交付成果制订交付计划，然后在项目结束时一次交付最终产品	分次交付整体项目或产品的各个子集	频繁交付对客户有价值的各个子集
尽量限制变更	定期把变更融入项目	在交付期间实时把变更融入项目
关键干系人在特定里程碑点参与	关键干系人定期参与	关键干系人持续参与
通过对基本已知的情况编制详细计划来控制风险和成本	通过用新信息逐渐细化计划来控制风险和成本	随着需求和制约因素的显现而控制风险和成本

1.15.6　项目管理过程组

项目管理分为五大过程组：

（1）启动过程组。定义了新项目或现有项目的新阶段，启动过程组授权一个项目或阶段的开始。

（2）规划过程组。明确项目范围、优化目标，并为实现目标制订行动计划。

（3）执行过程组。完成项目管理计划中确定的工作，以满足项目要求。

（4）监控过程组。跟踪、审查和调整项目进展与绩效，识别变更并启动相应的变更。

（5）收尾过程组。正式完成或结束项目、阶段或合同。

1.15.7　项目管理知识领域

（1）十大知识领域。项目管理通常使用十大知识领域，包括整合、范围、进度、成本、质量、资源、沟通、风险、采购、干系人的管理。

1）项目整合管理。识别、定义、组合、统一和协调各项目管理过程组的各个过程和活动。

2）项目范围管理。确保项目做且只做所需的全部工作以成功完成项目。

3）项目进度管理。管理项目按时完成所需的各个过程。

4）项目成本管理。为使项目在批准的预算内完成而对成本进行规划、估算、预算、融资、筹资、管理和控制。

5）项目质量管理。把组织的质量政策应用于规划、管理、控制项目和产品的质量，以满足干系人的期望。

6）项目资源管理。识别、获取和管理所需资源以成功完成项目。

7）项目沟通管理。确保项目信息及时且恰当地规划、收集、生成、发布、存储、检索、管理、控制、监督和最终处置。

8）项目风险管理。规划风险管理、识别风险、开展风险分析、规划风险应对、实施风险应对和监督风险。

9）项目采购管理。从项目团队外部采购或获取所需产品、服务或成果。

10）项目干系人管理。识别影响或受项目影响的人员、团队或组织，分析干系人对项目的期望和影响，制定合适的管理策略来有效调动干系人参与项目决策和执行。

（2）项目管理的五大过程组和十大知识领域见表 1-20。

表 1-20 项目管理的五大过程组和十大知识领域

十大知识领域	五大过程组				
	启动	规划	执行	监控	收尾
整合	制定项目章程	制订项目管理计划	指导与管理项目工作、管理项目知识	监控项目工作、实施整体变更控制	结束项目或阶段
范围		规划范围管理、收集需求、定义范围、创建 WBS		确认范围、控制范围	
进度		规划进度管理、定义活动、排列活动顺序、估算活动持续时间、制订进度计划		控制进度	
成本		规划成本管理、估算成本、制定预算		控制成本	
质量		规划质量管理	管理质量	控制质量	
资源		规划资源管理、估算活动资源	获取资源、建设团队、管理团队	控制资源	
沟通		规划沟通管理	管理沟通	监督沟通	
风险		规划风险管理、风险识别、实施定性风险分析、实施定量风险分析、规划风险应对	实施风险应对	监督风险	
采购		规划采购管理	实施采购	控制采购	
干系人	识别干系人	规划干系人参与	管理干系人参与	监督干系人参与	

1.15.8 项目绩效域

（1）项目绩效域是一组对有效地交付项目成果至关重要的活动，包括干系人、团队、开发方法和生命周期、规划、项目工作、交付、测量、不确定性八个项目绩效域。（速记词：团干部策划开公交）

（2）这些绩效域共同构成了一个统一的整体。每个绩效域都与其他绩效域相互依赖，从而促使成功交付项目及其预期成果。

（3）每个项目中各个绩效域之间相互关联的方式各不相同。

1.15.9 价值交付系统

价值交付系统描述了项目如何在系统内运作，为组织及其干系人创造价值，包括如何创造价值、价值交付组件和信息流，是组织内部环境的一部分。

（1）创造价值。项目可以通过以下方式创造价值：①创造满足客户或最终用户需要的新产品、服务或结果；②做出积极的社会或环境贡献；③提高效率、生产力、效果或响应能力；④推动必要的变革，以促进组织向期望的未来状态过渡；⑤维持以前的项目集、项目或业务运营所带来的收益等。

（2）价值交付组件。价值交付组件包括项目组合、项目集、项目、产品和运营的单独使用或组合。

（3）信息流。当信息和信息反馈在所有价值交付组件之间以一致的方式共享时，价值交付系统最为有效。

第 2 章
论文写作要求与应对策略

2.1 论文判卷评分标准

一、论文满分是 75 分，论文评分可分为优良、及格与不及格三个档次。评分标准为：
60 分至 75 分为优良（相当于百分制的 80 分至 100 分）。
45 分至 59 分为及格（相当于百分制的 60 分至 79 分）。
0 分至 44 分为不及格（相当于百分制的 0 分至 59 分）。
评分时可先用百分制进行评分，然后转化为以 75 分为满分（乘以 0.75）的分数。

二、建议具体评分时，参照每一试题相应的"解答要点"中提出的要求，对照下述五个方面进行评分：
（1）切合题意（30%）。无论是管理论文、理论论文还是实践论文，都需要切合解答要点中的一个主要方面或者多个方面进行论述。可分为非常切合、较好地切合与基本上切合三档。
（2）应用深度与水平（20%）。可分为有很强的、较强的、一般的与较差的独立工作能力四档。
（3）实践性（20%）。可分为如下四档：有大量实践和深入的专业级水平与体会；有良好的实践与切身体会和经历；有一般的实践与基本合适的体会；有初步实践与比较肤浅的体会。
（4）表达能力（15%）。可从逻辑清晰、表达严谨、文字流畅和条理分明等方面分为三档。
（5）综合能力与分析能力（15%）。可分为很强、比较强和一般三档。

三、下述情况的论文，需要适当扣分：
（1）正文基本上只是按照条目方式逐条罗列叙述的论文。
（2）确实属于过分自我吹嘘或自我标榜、夸大其词的论文。
（3）内容有明显错误和漏洞的，按同一类错误每一类扣一次分。
（4）内容仅属于大学生或研究生实习性质的项目，并且其实际施用背景的水平相对较低的论文。

可考虑扣 5 分到 10 分。

四、下述情况之一的论文，不能给予及格分数。

（1）虚构情节，文章中有较严重的不真实的或者不可信的内容出现的论文。

（2）未能详细讨论项目的实际经验、主要从书本知识和根据资料摘录进行讨论的论文。

（3）所讨论的内容与方法过于陈旧，或者项目的水准相对非常低下的论文。例如，开发的是仅能用单机版的（孤立型的）规模很小的并且没有特色的应用项目。

（4）内容不切题意，或者内容相对很空洞、基本上是泛泛而谈且没有较深入体会的论文。

（5）正文的篇幅过于短小的论文（如正文少于考试字数最低要求）。

（6）文理很不通顺、错别字很多、条理与思路不清晰等情况相对严重的论文。

五、下述情况，可考虑适当加分：

（1）有独特的见解或者有着很深入的体会，相对非常突出的论文。

（2）起点很高，确实符合当今计算机应用系统发展的新趋势与新动向，并能初步加以实现的论文。

（3）内容翔实、体会中肯、思路清晰、非常切合实际的论文。

（4）项目难度很高，或者项目完成的质量优异，或者项目涉及国家重大信息系统工程且作者本人参加并发挥重要作用，并且能正确按照试题要求论述的论文。

可考虑加 5 分到 10 分。

2.2 得分要点

根据上述论文评分标准，我们可以先大体找到论文写作的得分要点。下面我们以《论信息系统服务管理》为例来进行说明。

题目：论信息系统服务管理

1. 概要叙述你参与管理过的信息系统项目（项目的背景、项目规模、发起单位、目的、项目内容、组织结构、项目周期、交付的成果等），并说明你在其中承担的工作（项目背景要求本人真实经历，不得抄袭及杜撰）。

2. 请结合你所叙述的信息系统服务管理项目，围绕以下要点论述你对信息系统服务管理的认识：

（1）请结合自己管理的项目描述信息系统服务管理的生存周期。

（2）请根据你所规划的项目，描述在服务运营提升期间重点关注的工作。

3. 请结合你所参与管理过的信息系统项目，论述你是如何进行信息系统管理的（可叙述具体做法），并总结你的心得体会。

本题得分要点见表 2-1。

表 2-1　论文得分要点

得分项	具体要点	得分范围
摘要（共 5 分）	摘要总结性强、逻辑性强	0~5 分
正文（共 45 分）	项目背景真实，符合当今技术发展潮流，内容能完全体现项目规模、发起单位、目的、项目内容、组织结构、项目周期、交付的成果以及作者在其中承担的工作等。语言精练、字数适中，论题明确	0~10 分
	结合自己管理的项目描述信息系统服务管理的过程	0~20 分
	正面响应论文要求，描述在服务运营提升期间重点关注的工作	0~10 分
	结尾部分描述： （1）实施效果评价 （2）成功经验总结及存在问题和相关解决措施 （3）心得体会	0~5 分
文字和书面表达能力（共 10 分）	文章完整且合理、语句流畅	0~10 分
综合应用能力（共 15 分）	项目完整、真实有特色、管理效果明显、有较强的实践性和应用深度水平	0~15 分

2.3　论文写作的一般要求

2.3.1　格式要求

一个好的格式，会让阅卷老师一目了然。

系统规划与管理师的论文分为四个主要部分：摘要、项目背景（含过渡段）、正文和收尾。考试的时候，明确要求论文总字数不得少于 2000 字，实际考试中建议论文总字数比上限少 200 字左右。

（1）摘要要求。项目背景的字数通常 300 字以内，内容要精练，明确具体，逻辑性强。

（2）项目背景格式要求。项目背景的字数通常 400~600 字左右，内容要精练，明确具体，需要对项目进行介绍，突出要写的论文主题。过渡段 200 字左右，内容简洁，能承上启下。

（3）正文格式要求。正文的字数通常在 1000~1500 字左右，按照论文要求进行详细论述。段段可以分条论述，但不能全部分条论述。

（4）收尾格式要求。收尾的字数通常在 300~500 字左右，对项目建设或管理成果进行总结，说明管理的心得体会。

2.3.2 项目摘要要求

摘要作为论文的开头，应精练、突出重点、逻辑清晰、总结性强，能让评审老师快速把握论文要点，下面给出对应的常见格式。

××年××月（**注意写近三年的项目**），我参与了××信息系统项目建设或管理（**注意是非涉密项目**），并担任_____（**自己的工作角色**）。该项目共投资××万元（**建议建设项目 500 万元以上、3000 万元以下，运维或规划项目根据实际写**），工期××（**工期时长通常以月为单位**），主要完成××工作。该项目背景是××，目的是××；该项目构成是××。由于××IT 服务项目具有××等特点，本文阐述了××的主要活动，包括××等活动的特点，并结合××IT 服务项目的实际情况，说明项目组在各活动中采取的××等主要措施，并结合××IT 服务项目的实际情况，说明项目组在各设计活动中采取的××等主要措施。由于项目完成得十分顺利，基本达到预期的××等目标，并得到客户、我方领导的正面肯定。本文以该项目为例，从××方面论述了××。

2.3.3 项目背景要求

项目背景作为论文的开头，考试要求是概要叙述你参与管理过的信息系统项目（项目的背景、项目规模、发起单位、目的、项目内容、组织结构、项目周期、交付的成果等），并说明你在其中承担的工作（项目背景要求本人真实经历，不得抄袭及杜撰）。根据以上，建议以最近三年的信息系统项目为自己的论文背景，项目必须是真实的、合理的和规范性的，明确具体，阐清自己的论点，突出考试中相关知识域及过程，突出论文的其他相关要求。

项目背景可分为一个或两个段落，下面给出对应的常见格式。建议与摘要写法有所区别。

一、项目背景的格式一

××年××月（**注意写近三年的项目**），我参加了××信息系统项目建设（**注意是非涉密项目**），担任××（**自己的工作角色**）。该项目共投资××万元（**建议建设项目 500 万元以上、3000 万元以下，运维或规划项目根据实际写**），工期××（**工期时长通常以月为单位**）。建设内容包括××（**重点介绍**）。通过该项目的建设，实现了××（**项目建设背景、可交付成果、功能等**）。

（过渡段）该项目特点是××（**引出要写的主题**），因而项目的××规划或管理显得尤为重要。在项目实施过程中，我通过××措施（**紧扣论题**），从而按期顺利通过了客户的验收。本文我结合自身实践，以该项目为例，从××几方面（**写出论文要求写的规划或管理领域的具体管理过程名称子题目名称**）论述了信息系统项目的××规划或管理。

二、项目背景的格式二

为实现××（**项目背景、功能介绍**），××公司（**发起人姓名、单位**）启动了××信息系统建设项目，并对项目进行了公开招标，我公司顺利中标。我公司为××型组织（**组织结构类型**），××年××月，我以××参与（主持）了该项目的建设或管理、规划（**写在项目中承担的角色，一般写系统规划与管理师或项目经理**）。该项目共投资××万元，建设工期为×个月，建设或管理内容包括××（**要重点论述**）。该信息系统是××（**写功能、系统组成、技术架构等**）。

（过渡段）由于本项目××（**写项目特点，引出要写的主题**），因而项目的××管理显得尤为重要。项目××管理是××（介绍××管理的内容、作用或意义）。在项目实施过程中，我采取××措施（**紧扣论题**），最终顺利完成了项目工作。本文以该项目为例，从××几方面论述了信息系统项目的××规划或管理（**写出论文要求写的规划或具体管理过程名称或者子题目名称**）。

2.3.4　正文要求

正文就是按所选论文题目，在相关内容中充分体现题目的要求，具体内容要合理、真实、丰满，多实际工作。通常以自己所选知识的过程为主线，一个过程为一个或两个段落，每个段落字数控制在 300～400 字左右（**根据规划或管理过程的多少进行适当的增减，如应用系统规划只有三个过程，则每个过程的字数相应增加；如信息系统服务管理有五个管理过程，每个管理过程的字数则相应减少，总字数控制在 1500 字左右**），然后详细地说明你在这个项目中，作为优秀的系统规划与管理师，怎样运用所学的知识，进行实际工作，得到客户满意的结果。

下面以信息系统服务管理为例，给出一个正文写作的格式示例。

一、服务战略规划，识别客户的服务需求并对其进行全面分析（可只写管理过程名称，也可加副标题，副标题是对管理过程的解释说明或总结，如果采用副标题，语言一定要精练、准确）

写具体内容，要求结合项目背景写出该过程的具体应用，同时还要看论文要求，论文要求要在管理过程中进行明确响应，一般先写管理过程的定义、作用，接着写应用和在实际管理过程中出现的问题，如何解决，最后总结，承上启下。通常采用总分总的结构。

二、服务设计实现，规划转化为具体实施方案的关键环节

三、服务运营提升，项目实施过程中的重要环节

四、服务退役终止，确保服务的平稳过渡和资源的合理回收

五、服务持续改进与监督，确保项目长期稳定运行的关键环节

2.3.5　收尾要求

收尾作为论文的最后一部分，就是组织过程资产总结，起画龙点睛的作用。常见格式如下。

经过全体团队成员的共同努力，我们按期完成了项目，实现了××（**写项目目标**），顺利通过了业主方组织的验收，得到了双方领导的一致好评。本项目的成功离不开我××（**写具体措施，成功经验，紧扣论文要求写**）。当然，在本项目中也还存在一些不足，如：××（**写一些无关紧要的不足，且不足不是管理原因造成的**）。我通过采取××（**写解决措施，要体现作者作为系统规划与管理师的水平，先抑后扬**）。在今后的项目管理工作中，我将××（**今后打算，表明决心**）。

2.4 论文写作策略与技巧

2.4.1 论文写作策略

系统规划与管理师的论文考试通常都是 2 个论文题目，二选一的方式，考试时间是 120 分钟，题目都会有详细具体的要求，因此审核论文要求相当重要。其次就是掌握好考试时间，字数不能少于 2000 字，如果字数太少很多内容写不到，字数太多又写不完，因此论文字数控制在论文总字数上限下浮 200 字左右最为合适。实际考试中，能快速地写完论文的同学很少，甚至会出现没有写完或匆忙收尾的，因此时间的分配也很重要，建议审题 5 分钟，构思 10 分钟，书写论文 100 分钟。

考试正式开始，应认真审核论文的具体要求，然后选择自己最熟悉的和最有把握的论文题目，再对该论文题目的具体问题进行审查，进行初步的构思，这里切记不能看到论文题目就写，一定要仔细地分析和理解论文的要求。我们也可以先在草稿纸上写下自己的构思，然后根据构思去写，这样思维走在写的前面，就不会出现卡顿的现象。项目背景我们早已准备好，因此第一时间把这部分内容写好。

项目论文实际内容，按照考核知识，一个过程就是一个或两个段落，每个管理过程前加序号，如"一、服务战略规划……"独为一行，可加小标题来说明自己要写的内容，然后再是段落的内容，做到层次分明，一目了然地就让阅卷老师知道自己要写的内容。内容必须是具体的实际工作，依据现实工作中的资料和情况，得到了具体的结果，这样就做到了理论和实际的结合。特别要注意的是论文对过程中的要求，一定要体现在内容中，不能一句话都没有，而且必须是实际工作的内容。

最后段落就是项目总结，因此在该部分要写项目的实际完成时间和完成情况，总结该项目的优点和存在的不足。对于存在的不足我采取了什么措施进行纠正，然后解决了该问题。在总结的内容部分，还需响应论文的相关要求，做到前后响应。最后加上一些修饰语作为论文的最后一句话，比如在项目管理的路上，学习永无尽头，我会努力学习，努力工作，为中国信息化建设作出自己的贡献等。

2.4.2 论文写作技巧

分析历年论文真题，论文分为两种题型。

第一种是单个章节论文，该论文就考核一个章节知识。

单个章节论文，该考点主要写规划或管理的内容，然后以实际工作中我作为系统管理与管理师，根据资料，采用哪些方法和过程。

单个章节论文可以分为以下三个阶段。

第一阶段：概要叙述参与管理过的信息系统项目（项目的背景、项目规模、发起单位、目的、项目内容、组织结构、项目周期、交付的产品等），在项目中的职责，并切入论文的论题。

第二阶段：按论文要求，把该规划或管理的每一个过程分别用理论加实际工作相结合的方式来论述相关的内容和作用，并满足论文要求。

第三阶段：做好整个论文的组织过程资产总结，论述在项目中遇到的问题与解决方案。本项目通过有效的规划或管理所取得的实际效果。以实际例子描述哪些做得好，哪些需要改进。

第二种是组合论文，该论文考核多个章节知识点。

组合论文，通常会涉及两个及以上章节知识，然后以实际工作中我作为系统规划与管理师，根据资料，怎么规划或管理实施该章节的每一个过程，它的主要内容有哪些及其作用是什么，相关知识点之间的相互联系和影响。因此要理解相关基础知识，并能整体理解它们相互之间的联系和影响。

组合论文，可以分为以下三个阶段。

第一阶段：概要叙述参与管理过的信息系统项目（项目的背景、项目规模、发起单位、目的、项目内容、组织结构、项目周期、交付的产品等），在项目中的职责，并切入论文的论题。

第二阶段：按论文要求，把该规划或管理的每一个过程分别用理论加实际工作相结合的方式来论述相关的内容和作用，并满足论文要求，再加上对相关知识点之间的相互联系和影响的论述，最重要的是一定要满足论文要求。

第三阶段：做好整个论文的组织过程资产总结，总结它们之间的联系和影响，在项目中遇到的问题与解决方案。最后本项目通过有效的规划或管理所取得的实际效果和实际例子，描述哪些做得好，哪些需要改进。

不管考哪种论文，其中通用部分有项目背景和项目收尾，这部分可以考前就准备好，考试的时候适当修改一下相关内容，使之符合论文要求。

2.5 写作注意事项

2.5.1 项目背景内容注意事项

项目背景的选择建议是最近三年的信息系统项目，注意项目投资额或服务合同价不能太大。正常情况下，金额几千万甚至是上亿的项目，通常都是高级工程师来任项目经理或系统规划与管理师。金额不建议是一个整数，现实工作中金额通常会精确到几角几分。注意项目背景一定要自己去找，比如当地政府的招投标网、百度等，如果是网上找的项目背景，除了项目背景外，一定要对项目方案有一定的了解，否则，遇到特殊要求就无法写出来。

2.5.2 论文内容注意事项

论文具体内容严格按照考试中所选择论文题目的知识域的管理过程顺序来写，不能缺少管理过程，也不能打乱管理过程顺序。一个过程一个或两个段落，每个段落的开始有一个小标题，突出所写段落的主要内容和作用，然后就是具体内容，这样就做到了层次分明，让阅卷老师一目了然。

现在考试的论文越来越贴近项目管理的实际工作，内容一定要是具体、实在的工作，而不是书本上的纯理论，因此不能太理论化，要以实际工作来体现相关的理论知识，是正文最重要的内容，也是阅卷老师给分的重要点。

2.5.3 论文常见问题

最近论文考题越来越强调实际，不能只注重纯理论而缺乏实际工作内容。在论文考试中最为常见的问题有：

（1）背范文。看到题目一样的论文，直接动手就写，不分析论文要求，因此会造成论文得分极低。

（2）论文内容缺乏实际工作内容，只有纯理论。论文内容脱离实际工作，全部以理论知识来叙述所写论文。

（3）论文要求的管理过程缺少或顺序错误或随意合并。比如信息系统服务管理中有五个管理过程：服务战略规划、服务设计实现、服务运营提升、服务退役终止、服务持续改进与监督。在写论文时缺少了其中一个管理过程，把服务战略规划写在服务设计实现的后面，或者把服务运营提升和服务退役终止管理过程合并成一段，这些都是不对的。

因此考试的时候为了避免以上错误，平时学习一定要认真仔细，熟悉每个知识的过程，及每个过程的基础知识。

考试中切忌看到论文题目就直接动手写，而不去分析论文要求。

2.6 建议的论文写作步骤与方法

对写作步骤没有具体的规定，如胸有成竹就可以直接书写。不过，大多数情况下建议按以下步骤展开：

（1）认真审核论文题目要求（5分钟）。

（2）论文构思，写出纲要（10分钟）。

（3）写摘要（15分钟）。

（4）正文撰写（80分钟）。

（5）检查修正（10分钟）。

通过对考试的研究，我们在论文教学过程中会有专题去讲解论文写作的方法。一般来说，当听完老师对论文写作的方法及典型论文的分析后，学生普遍觉得论文很好写，但实际往往是"知易行难"，知道怎么写并不意味着会写。除了授课过程中常见的论文写作错误外，关键点在于如何下笔。因此，我们提炼出论文写作的几种方法。

2.6.1 通过讲故事来提炼素材

有一次，我们在教学的过程中反向行之，即先不讲解论文写作，也不需要学员了解论文的写作方法，而是与他们探讨项目在该方向如何做，探讨项目规划或管理实施中的细节问题。采用的形式是学员陈述项目，老师插入自己的提问，学生作答。

当然这种提问是有意设计的，目的是让学员自己回答出"论文写作的要点"。这种方法极其有效，当第一轮问答结束后，学员实际上就已经回答出了论文的背景、关键控制点、主要经验等关键写作要素。

在这个阶段，考生务必不要想论文如何写，仅仅从故事角度思考，如何呈现一个精彩的故事即可，完成此阶段的构思则大局既定。后续的精化阶段、成文阶段只是提炼和展现工作而已。

2.6.2 框架写作法

框架写作法的核心就是提供一个论文框架，让学生"照葫芦画瓢"。而且框架写作法的核心实际上从阅读者的心里总结出来，假设（实际也是如此）阅读者在阅读论文的时候，时间有限的情况下会关注哪些点。

我们把论文分为摘要、背景、论点论据、收尾四个部分。

1．摘要。对于摘要的写作，无外乎几个关键要素：项目由谁发起，由谁完成，功能是什么，项目周期，项目资金等问题。同时说明自己在项目中担当什么角色。建议尽量突出项目的资金合理、周期一般、项目符合当前主流。

摘要部分的内容考试要求 300 字以内。

2．背景。对于背景的写作，无外乎几个关键要素：项目由谁发起，由谁完成，干系人是谁，功能是什么，解决什么问题，什么时候开始，什么时候完成，耗资多少等问题。同时说明自己在项目中担当什么角色。建议尽量突出项目的资金合理、周期一般、项目符合当前主流、干系人众多。

背景部分的内容建议控制在 600 字左右。

3．论点论据（也就是正文部分）。按照框架写作法的要求，在相关过程的内容中突出论文要求。

当主题句写得得心应手的时候，实际上论文就形成了，剩下的工作是在主题句后面填充一些无关紧要的扩展句子。

论点论据部分是正文的主要部分，这部分内容建议控制在 1500 字左右。建议每段话采用"总—分"或者"总—分—总"的形式进行阐述。

4．收尾。收尾是经验总结部分，这部分近乎通用，而且经验部分其实是可以适用于不同主题的。当然，能与主题紧密相扣更好，如果事前准备好的收尾不能扣主题甚至有偏离，则稍微做些修改，总比临时拼凑强得多。

我们一般建议考生对收尾的内容描述控制在 400 字左右，当然在论文字数不足的情况下，可以适当地扩充字数，起到凑字数的作用。但也不要无限制地增加字数，以免头轻脚重。

第3章 优秀范文点评

本章选择了三篇论文范文,分别从阅卷的角度进行点评。

3.1 "论信息系统规划"范文及点评

3.1.1 论文题目

信息系统规划是指在充分考虑组织内外部发展条件的基础上,基于组织发展战略,明确信息系统发展愿景、目标、系统框架,以及各系统及其组成部分的逻辑关系、建设模式和实施策略,从而促进和保障组织目标的达成。

请以"论信息系统规划"为题进行论述。

1. 概要叙述你参与规划过的信息系统项目(项目的背景,项目规模,发起单位,目的,规划内容,组织结构,项目周期,交付的成果等),并说明你在其中承担的工作(项目背景要求本人真实经历,不得抄袭及杜撰)。

2. 请结合你所叙述的信息系统项目,围绕以下要点论述你对信息系统规划的认识:

(1) 请结合自己的项目描述信息系统规划的工作主要内容及工作要点。

(2) 请根据你所规划的项目,描述信息系统规划常用的方法。

3. 请结合你所参与规划过的信息系统项目,论述你进行信息系统规划的具体做法,并总结心得体会。

3.1.2 范文及分段点评

优秀范文	点评
摘要： 　　2023年6月，我作为系统规划与管理师主导某市"智慧党建"系统规划项目，合同金额78万元，规划周期3个月。项目以"双核驱动、五端协同、十平台融合"为规划框架，构建党员信息库和党组织数据库两大核心，通过多终端矩阵实现全场景覆盖，规划学习平台、党务平台、宣传平台等十大功能模块。规划过程中，我强抓内外部需求挖掘、场景化模型分析、深度诊断与评估、持续改进等规划要求，采用关键成功因素法等，将市委"党建数字化三年行动"战略分解为28项技术指标，确保规划方案与组织战略、业务需求深度耦合，为后续系统建设提供精准蓝图。本文以该项目为例，从信息系统规划工作主要内容、规划工作要点、规划常用方法几方面论述信息系统的规划。	写出了：①发起单位、开工时间；②项目工期；③投资额；④目的；⑤项目建设内容；⑥作者在其中承担的工作；⑦论点；⑧管理实践概述；⑨管理效果。同时也把正文的论点体现出来了。
背景： 　　××市为主动适应信息时代新形势和党员队伍新变化，积极运用互联网+、大数据等新技术，创新党组织活动内容、方式，贯彻《党政机关信息化建设指南》，于2023年5月启动全栈信创"智慧党建"系统规划。并对系统规划进行了公开招标，我公司顺利中标，合同价78万元，工期3个月。我公司为项目型组织，我被任命为该项目的系统规划与管理师，全面负责该项目的规划。本项目规划成果包括建立包含两类信息（党员信息和党组织信息）+五类终端（党建大屏、电脑端、微信端、党建App、智能一体机）+10大平台（学习平台、党务平台、宣传平台等）为一体的综合信息系统。技术层面实现全面采用信创生态：基础设施层部署国产长城服务器与中兴交换机，通过等保三级认证；中间件选用东方通TongWeb和宝兰德APM；数据库采用达梦DM8与openGauss分布式集群，支持50万党员并发访问；终端适配统信UOS、麒麟OS及鸿蒙系统，智能终端搭载龙芯处理器；安全体系集成SM2/SM4国密算法与鼎甲数据保护。基于华为MindSpore AI构建党员学习画像，实现党务流程100%符合党政信息化标准，日均处理10万+在线学习行为，推动党建工作数字化升级。	正文第一段全面总结了项目的概况，包括（项目的背景、项目规模、发起单位、目的、项目内容、组织结构、项目投资额、周期、交付的成果等），并说明了作者在其中承担的工作，以及系统技术架构。对论文子题目1进行了回应。但原有安全体系未描述，项目必要性论证稍显薄弱。
过渡段： 　　"智慧党建"信息系统的规划工作，不仅是对传统党建模式的革新，更是对党建工作科学化、信息化水平的一次全面提升。高质量的信息系统规划可以有效回避或减少问题的发生，使组织信息系统具有良好的整体性	过渡段，引入要写的主题，进行了管理实践概述，概述说明了信息系统规

正文内容	批注
和较高的适应性,并使信息系统的建设和优化工作具有计划性和阶段性等。为此,规划过程中,我强抓内外部需求挖掘、场景化模型分析、深度诊断与评估、持续改进等规划要求,采用关键成功因素法等,将市委"党建数字化三年行动"战略分解为 28 项技术指标等,确保规划方案与组织战略、业务需求深度耦合。本文以该项目为例,从信息系统规划工作主要内容、规划工作要点、规划常用方法几方面论述信息系统的规划。	划工作的主要内容、工作要点以及规划方法,突出了论文要求。最后介绍了论文论点。承上启下,自然过渡。

正文:
一、信息系统规划工作主要内容
  在"智慧党建"信息系统的规划设计中,我们主要围绕以下几个方面展开了工作:
  首先,我们明确了信息系统的发展战略与目标。结合××市的党建工作实际,我们制定了信息系统建设的总体目标,即构建一个集党员信息管理、党组织活动组织、在线学习考试、信息发布等功能于一体的综合信息系统。同时,我们还制定了分阶段实施的具体目标,将市委"党建数字化三年行动"战略分解为 28 项技术指标,包括党员数据治理准确率≥99.8%、信创适配率 100%等,形成《智慧党建战略实施路径图》。
  其次,我们设计了信息系统的总体框架与分系统划分。在总体框架设计上,我们采用 TOGAF 框架设计"四横三纵"信创架构——横向划分基础设施、数据中台、业务中台(东方通中间件服务总线)、华为 MindSpore 学习引擎智能中台;纵向构建 SM2/SM4 国密算法安全体系、标准体系及运维体系。同时,我们还根据业务需求,将信息系统划分为党员信息管理子系统、党组织活动组织子系统、在线学习考试子系统等多个分系统,确保每个分系统都能够独立运行、协同工作。此外,我们还优化了组织体系与技术体系。在组织体系方面,我们建立了信息化管理委员会和信息化团队,负责信息系统的规划、建设、运维等工作。在技术体系方面,我们选择了 C#和东方通 TongWeb 和宝兰德 APM 中间件进行开发,支持 DM8 与 openGauss 等数据库,确保系统的稳定性和可扩展性。
  最后,我们部署了任务体系与资源体系。在任务体系部署上,我们将项目任务进行层次化和精细化划分,明确了各项任务之间的关系和优先级。在资源体系调度上,我们充分挖掘了组织的资源情况,对各类资源进行了评估与调配,确保项目所需资源能够得到及时、有效的保障。
	本段结合项目背景,写出了信息系统规划工作主要内容,涵盖了信息系统的发展战略与目标、信息系统的总体框架与分系统划分和任务体系与资源体系,特别是信息系统的总体框架与分系统划分紧密关联背景,体现出了作者的实践经验。对论文子题目 2 中的(1)"描述信息系统规划的工作主要内容"这一要求进行了响应。

二、信息系统规划工作要点 在"智慧党建"信息系统规划设计中,我们以内外部需求挖掘、场景化模型分析、深度诊断与评估、整体与专项规划、持续改进为要点开展规划工作。	本段先进行概括,说明了信息系统规划工作要点,然后重点论述了需求挖

如需求挖掘方面，我们通过需求全景洞察与价值闭环管理实现规划精准落地。基于 42 场跨部门调研访谈，深度解析××市"党建数字化三年行动"战略内涵，运用 KANO 模型将 127 项原始需求聚类为 6 类核心诉求（含乡镇党员低时延学习、党务全流程线上化等），构建需求优先级矩阵并映射至 28 项技术指标。 场景化模型分析、深度诊断与评估、整体与专项规划方面，针对基层党组织活动场景，开发"三会一课"数字孪生模型，通过 19 个标准化流程节点设计和 AR 虚拟会议空间构建，实现组织生活线上参与率从 58%跃升至 93%，同步建立"学—考—评"智能闭环，日均处理 10 万+在线学习行为数据。结合 CMMI 三级成熟度评估体系，诊断出数据治理（准确率 89%→99.8%）、信创适配（关键组件国产化率 76%→100%）等 5 项能力短板，针对性制定《分布式数据库优化方案》等专项提升路径。 持续改进方面，我们建立了监测和评估机制，持续跟踪组织的战略和技术发展创新，对信息系统进行了不断的优化与调整，确保了系统能够满足组织的战略和业务需求。	掘、场景化模型分析、深度诊断与评估、整体与专项规划（这三个要点合并在一起写），持续改进简要进行了说明，详略结合，体现了作者较强的文字功底。对论文子题目 2 中的（1）"描述信息系统规划的工作要点"这一要求进行了响应。
三、信息系统规划常用方法 在"智慧党建"信息系统的规划设计中，我们采用了以下几种常用的规划方法： 一是战略目标集转移法（SST）。我们将组织的总战略转换成与其相关联一致的信息系统战略集，将市委"党建数字化三年行动"战略拆解为 12 项技术指标（含 98%基层党组织覆盖率、50 万党员并发访问能力），通过战略目标树实现党务流程 100%线上化等关键目标向技术方案的转化。明确了信息系统的服务要求和约束条件，为信息系统的建设提供了明确的方向和目标。 二是企业信息系统规划法（BSP）。我们通过全面调查和分析，明确了企业的管理目标和功能需求，制定了信息系统总体方案。对 68 个核心党务流程进行三级架构设计——战略决策层构建数据分析看板（整合 23 万党员学习行为数据）、管理控制层开发党组织考核系统（对接达梦 DM8 数据库）、业务执行层实现党员发展全流程数字化（基于东方通中间件服务总线）。这种方法帮助我们更好地理解了企业的业务流程和信息需求，为信息系统的设计提供了有力的支持。 三是关键成功因素法（CSF）。我们识别了组织的关键成功因素和信息需求，为信息系统的建设提供了重点关注的领域和测量标准，如识别出信创全栈适配（龙芯+统信 UOS+openGauss 技术链）、高并发架构（华为 MindSpore 驱动的智能负载均衡）等 6 项关键成功因素，针对性制定《分	本段对论文子题目 2 中的（2）"描述信息系统规划常用的方法"这一要求进行了响应。着重结合项目背景写出了战略目标集转移法、企业信息系统规划法和关键成功因素法的应用，对 Zachman 框架进行了简要说明。

布式数据库性能优化方案》等专项规划。这种方法使我们能够抓住主要矛盾，突出重点，确保信息系统的建设能够取得实效。 　　此外，我们还借鉴了 Zachman 框架等先进理念和方法，对信息系统的架构进行了全面规划和设计。通过引入最佳实践并结合企业实际情况，我们定义了目标系统架构，包括数据、应用和基础设施架构等，为信息系统的建设提供了坚实的理论基础和实践指导。	
结尾： 　　经过 3 个月的攻坚，我们圆满完成了××市"智慧党建"信息系统规划，形成"2+5+10"全栈信创体系等。项目成功经验在于： 　　（1）采用 SST/BSP/CSF 方法论实现战略—技术精准转化。 　　（2）构建"四横三纵"信创架构确保全链路国产化适配。 　　（3）通过数字孪生建模提升党务流程线上化率至 100%。不足之处在于乡镇边缘节点网络延迟优化尚未完全达标，部分老旧设备改造需分阶段推进。 　　需深化两项升级： 　　（1）扩展 AI 应用，研发党员履职能力评估模型。 　　（2）构建跨区域党建云平台，实现与省内 12 个地市的数据互通。展望未来，我们将继续深化党建工作的数字化转型探索与实践，为党建工作的持续健康发展贡献更多智慧和力量，持续引领党建数字化创新浪潮。	结尾先总结了项目规划成果，总结了项目成功经验与不足，在成功经验中再次点明规划方法的应用，首尾呼应。存在的不足写一些无关紧要的不足，最后表明了作者的决心。

3.1.3　范文整体点评

1. 优点

本文架构清晰，逻辑清楚，段与段之间衔接很好，对信息系统规划有深入实践，非常好地切合了题意，有一定的应用深度和水平。

文章摘要对整篇论文进行了提炼，体现出了项目背景、管理实践、规划成果及论点。背景部分介绍了项目的背景、个人在项目中的角色、技术架构等，从而能让阅读者快速地了解项目本身。之后，文章结合项目背景，引入要写的主题，在过渡段对论文要求进行了点题，接着从规划内容、工作要点和规划常用方法三方面展开论述，条理逻辑清晰。在规划过程中，较好地把项目背景融入管理过程中，真实反映了作者的实际工作经验。文章收尾部分，简要总结了成功经验和不足，并对问题和不足提出了自己的解决思路。

2. 不足之处

规划方法写三种方法稍多，导致重点不够突出，建议重点写两种方法的应用，论文不能太贪全面，要体现"精"和"细"。

3.2 "论信息安全规划"范文及点评

3.2.1 论文题目

为构建信息安全纵深防御体系和全面提升防护能力，应当对信息安全工作进行顶层设计和全面规划布局，明确总体思路、任务和重点，才能最终建立科学、合理、有效的信息安全管控体系。

请以"论信息安全规划"为题进行论述。

1. 概要叙述你参与规划过的信息系统项目（项目的背景，项目规模，发起单位，目的，规划内容，组织结构，项目周期，交付的成果等），并说明你在其中承担的工作（项目背景要求本人真实经历，不得抄袭及杜撰）。

2. 请结合你所叙述的信息系统项目，围绕以下要点论述你对信息安全规划的认识：
（1）请结合自己的项目描述如何对信息安全进行架构。
（2）请根据你所规划的项目，描述信息安全规划的主要内容。

3. 请结合你所参与规划过的信息系统项目，论述你进行信息安全规划的具体做法，并总结心得体会。

3.2.2 范文及分段点评

优秀范文	点评
摘要： 2024 年 8 月，我作为系统规划与管理师主导某省通信运营商数据中心安全规划项目，合同金额 759 万元，建设工期 10 个月。项目聚焦于构建信息安全纵深防御体系，抵御 DDoS 攻击、APT 渗透等威胁，保障数据中心业务连续性。规划过程中，基于国际安全架构框架，设计"业务—逻辑—物理"三层安全架构，结合等级保护 2.0 要求，制定覆盖组织、管理、技术、运营的全域安全方案。技术层面采用零信任模型、国产加密算法与智能威胁检测引擎，业务层面实现安全事件响应时效缩短至 5 分钟，并通过等保三级认证。项目交付成果包括 5 类规范、12 项技术方案及 3 套系统（含自动化运营平台）。本文结合项目实践，从架构设计与规划内容两方面论述信息安全规划的管理实践。	开门见山的写法，写出了项目建设时间、规模、作者在其中承担的工作，接着说明了项目的目的。然后对管理实践进行了概括，说明了如何进行安全规划及规划成果，最后写出了论文的架构。但未提及规划方法论。
背景： 某省通信运营商为应对业务规模扩张与数字化转型需求，于 2024 年 8 月启动数据中心建设项目，总投资 759 万元，建设工期 10 个月，旨在整合分散的 IT 资源，构建高可用、高安全的混合云架构。作为基础通信服务商，该数据中心需承载内部业务系统及对外互联网服务，日均处	该段介绍了项目的建设背景、项目规模、发起单位、目的、项目内容、项目周期、交付的成果、项目面

理数据量达 PB 级，面临 DDoS 攻击、APT 渗透、数据泄露等安全威胁。企业原有安全体系存在防护碎片化、响应滞后等问题，难以满足等保三级合规要求。我公司中标该项目后，我担任该项目系统规划与管理师，主导需求分析、架构设计与实施管控。项目规划内容涵盖安全架构设计、组织体系优化、等保合规落地、技术防护升级及运营流程标准化，技术层面采用零信任模型、AI 威胁检测引擎及国密算法（SM3/SM9），业务层面实现安全事件响应时效缩短至 5 分钟，并通过等保三级认证。交付成果包括 5 类规范（含等保合规方案）、12 项技术方案（含安全架构蓝图）及 3 套系统（含自动化运营平台），为数据中心安全运营奠定基础。 | 临的困难等，并说明了作者在其中承担的工作。使阅读者能对建设项目有全面、完整的认识，对论文子题目 1 进行了回应。但对原有安全体系存在问题的描述较笼统，未列举具体漏洞案例，必要性论证稍显薄弱。

过渡段：　　信息安全规划是企业应对复杂威胁环境的核心战略。通过系统性设计，企业可将安全能力嵌入业务全生命周期，实现风险可控与合规达标。本项目以"纵深防御、主动管控"为目标，基于业务风险视角，采用 SABSA 框架构建安全架构，并围绕利益相关方诉求、组织协同、技术防御及运营闭环四维展开规划。规划过程中，通过威胁建模、合规对标及攻防推演，识别出 26 项关键风险点中包含 8 项等保未达标高风险项，并针对性设计防护策略。本文结合安全架构模型、等级保护要求及运营体系设计原则，从架构设计与规划内容两方面，解析信息安全规划的管理实践。	过渡段先论述了信息安全规划的重要意义，引出要写的主题，并从项目目标、信息安全架构、信息安全规划的主要内容进行了管理实践概述，简要说明了规划成果，最后写出了正文的架构。条理逻辑清晰。
正文：　　**一、信息安全架构设计**　　在数据中心建设项目中，信息安全架构设计基于 SABSA 框架构建多层次纵深防御体系。从业务视角出发，通过六层模型实现架构的完整性和系统性：在业务情境层，结合业务影响分析识别出计费系统、客户服务门户等 12 类关键系统，明确其恢复时间目标（RTO）、恢复点目标（RPO）及合规要求，并通过回答"保护什么资产（What）"和"安全动机（Why）"形成情境安全架构；概念设计层将安全能力抽象为身份管理、威胁防御、数据加密等 6 类基础服务，以"安全即服务"模式通过统一接口支撑业务系统，对应"如何实现（How）"的流程设计；逻辑设计层采用零信任架构重构网络边界，部署软件定义网络（SDN）与微隔离策略控制器，将传统虚拟局域网划分为 800 余个安全域，最小化横向攻击面，并基于"谁负责（Who）"明确权限主体；物理实施层融合国产分布式存储与量子随机数生成器强化密钥安全，通过同态加密与联邦学	本段从商业应用安全架构的角度，结合项目背景系统说明了 SABSA 六层模型，并说明了安全架构的三道防线。对论文子题目 2 中"（1）描述如何对信息安全进行架构"进行了明确的回答。但未说明各层间的协同机制（如物理层如何支撑逻辑层），实践细节待补充。

108

习技术实现跨云数据隐私计算,体现组件安全架构的"具体组件(Which)";组件集成层构建多源威胁情报驱动的攻击战术知识库,服务管理层则通过智能运维平台实现日志异常预测与配置合规监控,运维效率提升 40%,形成覆盖设计、实施到运营的全生命周期管理。

该架构同步构建三道防线:系统安全架构从源头强化内生安全,通过零信任与微隔离实现"不依赖外部防御"的自主防护;安全技术体系架构整合 SDN、量子加密等技术形成基础设施级防御能力;审计架构依托智能运维平台覆盖全链路风险监测,实现与风险管控体系的无缝衔接。通过分层解耦与动态联动机制,各层视图(情境、概念、逻辑、物理等)协同响应安全需求,确保架构既符合 SABSA"业务驱动"核心理念,又满足纵深防御与合规性要求。

二、信息安全规划的主要内容

信息安全规划是为了确保组织在信息安全方面的稳健性而进行的一系列活动。是一个系统性的过程,需要从组织整体出发,综合考虑多个方面,确保组织的信息安全性和完整性得到有效的保护。

> 先对信息安全规划的主要内容进行概括说明。为下文响应论文子题目 2 中"(2)请根据你所规划的项目,描述信息安全规划的主要内容。"进行铺垫。但未说明信息安全规划的主要内容包括什么。

1. 关注利益相关方的安全诉求

利益相关方管理贯穿规划全程。针对监管机构,通过合规差距分析梳理出等级保护的 32 项未达标项(如"日志留存不足 6 个月"),设计分布式日志归档系统,采用冗余存储技术实现海量数据低成本保存;对客户隐私诉求,依据《中华人民共和国个人信息保护法》设计三级脱敏策略,并通过隐私影响评估验证方案有效性。针对内部开发团队,在开发运维一体化流程中嵌入"安全左移"机制,引入代码静态扫描与动态测试工具,将漏洞发现阶段从测试前移至编码环节。此外,通过"安全需求卡片"工具将业务部门的隐性诉求(如"不影响业务吞吐量")转化为技术指标,确保安全策略与业务性能平衡。

> 利益相关方管理策略具体(如日志归档、三级脱敏),工具创新(安全需求卡片)值得借鉴。但未分析不同诉求的冲突处理。

2. 信息安全组织体系规划

构建"决策—执行—监督"三级协同组织。决策层设立网络安全委员会,由企业高层组成,每季度审议安全战略;执行层整合运维与安全团队,成立安全运营中心,下设威胁分析、事件处置、合规管理三个小

> 三级组织架构设计合理,双周迭代、第三方审计等机制体现敏捷性。但"36 小时修

组，实行双周迭代工作制；监督层引入第三方审计机构，每半年开展攻防演练，2024 年演练中暴露出"防护规则更新滞后"等问题，推动规则库升级至每日动态更新。组织设计强调"最小权限与职责分离"，如将漏洞扫描与修复权限分属不同角色，并通过堡垒机实现操作全程审计。外部协同方面，加入国家级安全应急响应组织，实时接收漏洞通报，并在重大漏洞爆发期间，36 小时内完成全网修复。	复漏洞"缺少对比，应与原来对比，说明提升效果，成效对比性较弱。
3．信息安全管理体系规划 以国际信息安全管理标准为基准，设计"风险驱动"体系。通过风险评估模型量化"数据泄露""服务中断"等 5 类高风险场景，制定风险处置计划，如对核心数据库实施多地容灾，数据恢复点从 24 小时压缩至 5 分钟。流程优化方面，采用敏捷安全管理方法，将策略迭代周期从季度缩短至双周，如在零日漏洞响应中，通过自动化脚本实现从漏洞披露到防护策略上线仅需 4 小时。合规管理上，构建"合规知识图谱"，将 200 余项条款映射至具体技术控制点，并通过机器人流程自动化生成测评报告，人工工作量减少 60%。	风险驱动体系与合规知识图谱应用亮眼，自动化脚本缩短策略周期体现效率。但"人工工作量减少 60%"未解释计算依据，数据可信度存疑。
4．信息安全技术体系规划 技术体系围绕"数据—应用—网络"三层加固。数据层采用分级加密与动态脱敏，客户信息按敏感等级加密，核心数据使用国密算法保护，并基于数据血缘实施动态脱敏；应用层构建运行时自保护机制，在服务中植入防护探针，实时拦截注入攻击，误报率低于 0.1%；网络层部署软件定义边界，隐藏核心业务暴露面，外部访问需通过安全隧道认证。此外，引入"诱捕防御"技术，在非生产网部署高仿真陷阱系统，诱捕攻击者并提取攻击特征，累计识别新型攻击手法 12 种。	案例生动。但"误报率 0.1%"未对比行业标准，技术优势论证不足。
5．信息安全运营体系规划 运营体系聚焦"自动化与智能化"。通过安全自动化响应平台集成 40 余个工具，构建 14 类自动化流程，如"攻击自动引流—清洗—恢复"流程将人工干预降为零。在人员能力建设上，设计"安全能力矩阵"，针对不同岗位定制培训课程（如开发人员须通过安全编码认证），并推行"安全积分"制度，将漏洞上报、应急响应等行为纳入绩效考核。持续改进方面，每月发布《安全能力成熟度报告》，采用五级成熟度模型评估防护水平，针对短板（如威胁情报覆盖度）引入商业情报源，将威胁指标检出率提升至 92%。	威胁情报覆盖度提升至 92% 未阐明检测模型，效果验证方法模糊。
结尾： 本项目通过系统性规划，成功构建主动防御体系，有效抵御 3 次大规模 DDoS 攻击，数据泄露事件归零，并通过等保三级认证。经验总结	本段为论文结尾，成果总结全面，改进方向切实可行。但"AI

为：一是以 SABSA 框架实现安全与业务融合；二是通过"组织—技术—运营"协同提升实战能力；三是依托自动化工具实现高效运营。不足之处在于部分老旧系统改造滞后，需分阶段迁移至安全架构；此外，威胁情报覆盖度仅达 85%，需接入更多第三方情报源。未来计划引入 AI 溯源引擎，提升高级威胁狩猎能力，并探索隐私计算技术，实现数据"可用不可见"。信息安全规划需持续迭代，唯有将安全基因融入企业血脉，方能在数字化浪潮中行稳致远。

溯源引擎"等未来计划与规划主线关联较弱，收尾略发散。

3.2.3 范文整体点评

1. 优点

论文紧扣"信息安全规划"主题，较好地满足了论文要求。以实际项目为依托，从架构设计到运营体系构建完整链条。方法论融合 SABSA 框架与等保 2.0 要求，技术选型（国密算法、零信任）兼具合规性与创新性。量化指标（响应时效 5 分钟、威胁检出率 92%）增强说服力，结尾反思与改进措施体现务实态度，为同类项目提供了可复用的参考模板。

2. 不足之处

部分管理环节描述偏表面，如未深入分析资源分配矛盾、未对比新旧体系成本差异；技术细节欠缺深度，此外，规划成功经验总结未能很好地突出论文要求。

3.3 "论 IT 项目的人员管理"范文及点评

3.3.1 论文题目

人力资源不仅是组织中最重要的资源之一，也是对组织发展最具影响力的资源，是组织能否达成目标的关键。在 IT 项目中，正确处理组织中"人"和"与人有关的事"所需要的观念、理论和技术是人力资源管理的关键。

请以"论 IT 项目的人员管理"为题进行论述。

1. 概要叙述你参与管理过的信息系统项目（项目背景、项目规模、发起单位、目的、项目内容、组织结构、项目周期、交付的成果等），并说明你在其中承担的工作（项目背景要求本人真实经历，不得抄袭及杜撰）。

2. 请结合你所叙述的信息系统项目，围绕以下要点论述你对 IT 项目人员管理的认识：

（1）请结合自己管理的项目描述 IT 项目的人员管理涵盖的内容。

（2）请根据你所管理的项目，描述人员招聘渠道有哪些。

3. 请结合你所参与管理过的信息系统项目，论述你是如何进行人员管理的（可叙述具体做法），并总结你的心得体会。

3.3.2 范文及分段点评

优秀范文	点评
摘要: 　　2023年5月，我作为项目经理主导了××市"智慧交通管理平台"建设项目，该项目总投资1289万元，建设周期12个月，旨在通过物联网、大数据及人工智能技术解决交通领域数据孤岛、调度低效等问题。平台构建"三层次架构"+"四类终端"+"八大功能模块"的一体化系统，整合多源数据实现闭环管理。针对项目技术复杂性与团队多元化的挑战，本文聚焦IT项目人员管理实践，从人力资源战略规划、工作分析与岗位设计、人员招聘与培训、绩效薪酬管理及职业发展路径等维度展开论述。通过制定动态人力资源计划、精准岗位需求分析、多维度招聘渠道及针对性培训体系，结合科学绩效指标与薪酬激励机制，成功组建了一支跨领域专业团队，攻克技术难点，推动项目高效实施。	摘要清晰提炼了项目的核心目标与管理框架，突出"智慧交通平台"建设的技术复杂性与团队管理挑战。通过列举人力资源战略、招聘培训等管理维度，明确了论文的论述重点。但未量化成果（如运维效率提升 $x\%$），说服力稍显不足。
背景: 　　在新型城镇化与数字化深度融合的背景下，智慧城市建设成为优化城市治理的核心路径。针对交通管理领域长期存在的数据孤岛、调度低效、服务滞后等问题，××市于2023年5月启动"智慧交通管理平台"项目，响应国家"交通强国"战略，通过物联网、大数据及人工智能技术重构交通管理体系。我公司凭借技术积累中标，由本人担任项目经理，以强矩阵型组织模式推进实施。项目总投资1289万元，建设周期12个月，建成覆盖全域的智能交通管理与服务平台。平台以"数据驱动、精准治理"为核心理念，构建"三层次架构"（数据采集层、智能分析层、应用服务层）+"四类终端"（指挥大屏、警务终端、市民App、车载设备）+"八大功能模块"（路况监测、信号调控、事故预警等）的一体化系统。整合交通流量、车辆轨迹等多源数据，实现数据感知到决策执行的闭环管理，显著提升运行效率与应急能力。技术层面采用基于华为云CSE的微服务架构，结合超图SuperMap API实现地理信息可视化；通过TDengine数据库支撑海量时序数据存储分析，利用华为云MRS处理高并发数据。服务集群部署于华为云CCE平台，基于统信UOS运行，网络层应用SDN技术实现流量调度，并配备下一代防火墙与入侵检测系统，保障安全性与连续性。	背景部分详细阐述了项目的政策背景、技术架构与实施难点，数据指标（如1289万元投资、12个月周期）充分体现项目规模。技术选型（华为云、TDengine等）描述具体，展现专业深度。对论文子题目1进行了回应。但未明确说明原有交通管理系统的具体缺陷，削弱了建设必要性的论证力度。

112

过渡段： 　　由于本项目涉及较多新技术，对团队成员专业要求高，且团队成员组成复杂，因而项目的人员管理显得尤为重要。在项目实施过程中，为做好本项目的人员管理，确保团队人员满足项目需求，我首先制订了相应的人员管理计划，并根据项目需求从多个渠道进行人员招聘，确保团队成员能满足项目需求。本文以该项目为例，从人力资源战略与计划、工作分析与岗位设计、人员招聘与录用、人员培训，组织绩效与薪酬管理和人员职业规划与管理几方面论述了 IT 项目的人员管理。	过渡段自然衔接背景与正文，点明人员管理的核心矛盾（新技术要求高、团队多元），并预告论述框架。但"人员管理计划"仅泛泛提及，未概括具体策略（如动态调整机制），未能为下文埋下足够伏笔。若能加入团队初始状态的痛点（如技能缺口比例），过渡会更具针对性。
正文： 　　一、人力资源战略与计划 　　人力资源战略与计划是项目成功的关键。项目团队根据智慧城市建设的目标，以"建立精准招聘体系、挖掘员工潜能、优化人才结构、保障合规性"为目标，制定人力资源战略，明确了人才需求和培养方向。例如，项目团队预测到随着智慧城市建设的推进，对数据科学家和人工智能专家的需求将显著增加。因此，团队制定了人才培养计划，通过内部培训和外部招聘相结合的方式，逐步构建了一支具备数据分析和机器学习能力的专业团队。同时，项目团队还制定了灵活的人力资源计划，根据项目进度和业务需求动态调整人员配置，确保了人力资源的高效利用。例如，在大数据平台建设阶段，团队通过内部调配和外部招聘，迅速组建了一支数据科学家团队，为项目的顺利推进提供了有力支持。	本节结合项目需求提出"精准招聘""动态调整"等战略，以数据科学家团队组建为例，体现战略落地逻辑。但未说明如何平衡内部调配与外部招聘的成本差异。
二、工作分析与岗位设计 　　在智慧城市建设示范项目中，工作分析与岗位设计是项目人员管理的基础。项目团队通过面谈法、职位分析问卷法等进行详细的工作分析，岗位设计则以工作特征模型为指导，重点从工作内容、职责设计及工作关系三方面开展，明确了每个岗位的职责和技能要求，编制相应的岗位说明书。例如，对于智能交通系统的开发岗位，团队不仅定义了编程技能的要求，还明确了对交通工程和数据分析能力的需求。通过工作分析，项目团队设计了详细的工作描述和岗位规范，确保每个岗位的职责清晰、目标明确。这种精细化的岗位设计不仅提高了工作效率，还为后续的人	通过面谈法、职位分析问卷等工具开展岗位设计，结合智能交通工程师的职责描述，展现分析过程的科学性。但未对比分析不同方法的优劣，实践细节待补充。

员招聘和培训提供了明确的依据。例如，项目团队在招聘智能交通系统工程师时，明确要求候选人具备交通工程背景、数据分析能力和良好的团队协作精神，确保了招聘的精准性和岗位匹配度。	
三、人员招聘与录用 　　人员招聘与录用是项目团队建设的重要环节。组织常见的招聘渠道包括内部来源、招聘广告、职业介绍机构、猎头组织、校园招聘、员工推荐与申请人自荐、网络招聘和临时性雇员等。项目团队采用了多元化的招聘渠道，包括校园招聘、职业介绍机构和网络招聘等，以吸引不同背景的人才。例如，为了招聘到优秀的应届毕业生，项目团队与多所高校建立了合作关系，通过校园宣讲会和招聘会吸引了大量计算机科学和信息技术专业的学生。在录用过程中，项目团队采用了严格的甄选流程，包括能力测试、面试和背景调查等环节。例如，对于数据科学家岗位，团队设计了数据处理和机器学习算法的测试题目，确保候选人具备扎实的专业技能。通过这些措施，项目团队成功招聘到了一批高素质的人才，为项目的顺利实施提供了有力支持。	多元招聘渠道（校园、网络、猎头）覆盖全面，数据科学家测试题目设计体现专业性。但未说明渠道效果（如校园招聘转化率），且临时性雇员的应用场景未展开。
四、人员培训 　　人员培训是提升团队专业能力的重要手段。项目团队根据工作分析的结果，设计了针对性的培训计划。例如，对于新入职的数据科学家，项目团队提供了为期一个月的入职培训，内容包括公司文化、数据科学基础和机器学习算法等。此外，项目团队还定期组织技术培训和管理培训，提升员工的专业技能和管理能力。例如，项目团队邀请了行业专家为员工开展人工智能和大数据技术的培训课程，帮助员工掌握前沿技术。通过这些培训措施，项目团队不仅提升了员工的专业能力，还增强了团队的凝聚力和协作能力。	培训体系层次分明（入职、技术、管理培训），案例具体（如1个月数据科学家培训）。但未量化培训效果（如参训后技能达标率）。
五、组织绩效与薪酬管理 　　组织绩效与薪酬管理是激励员工的重要手段。项目团队建立了科学的绩效管理体系，通过设定明确的绩效目标和考核指标，确保员工的工作成果与项目目标紧密相连。例如，项目团队为数据科学家团队设定了数据模型准确率、项目交付进度和客户满意度等绩效指标，通过定期的绩效评估，及时反馈员工的工作表现。同时，项目团队还设计了具有竞争力的薪酬体系，包括基本薪酬、绩效奖金和股权激励等，激励员工积极工作，为项目目标的实现贡献力量。通过绩效与薪酬管理的有效结合，项目团队不仅提高了员工的工作积极性，还提升了项目的整体绩效。	绩效指标设计合理（准确率、交付进度），薪酬结构（基本工资+股权激励）兼顾短期与长期激励。但未说明绩效考核频次与反馈机制（如季度评估还是里程碑评估）。

六、人员职业规划与管理 　　人员职业规划与管理是提升员工忠诚度和职业发展的重要手段。项目团队为每位员工制定了详细的职业规划，代表员工职业发展的真实可能性，具有尝试性和灵活性，明确了职业发展路径和晋升机制。例如，对于新入职的软件工程师，团队提供了从初级工程师到高级工程师再到技术专家的职业发展路径，并为每个阶段设定了明确的技能要求和绩效目标。同时，项目团队还为员工提供了多样化的培训和发展机会，帮助员工实现职业目标。例如，项目团队为有潜力的员工提供内部轮岗机会，让他们在不同岗位上积累经验，为未来的晋升打下坚实基础。通过这些措施，项目团队不仅提升了员工的职业满意度，还增强了员工对项目的忠诚度。	职业路径设计清晰（初级→高级→专家），内部轮岗促进能力拓展，体现员工发展关怀。但未说明职业规划与项目目标的联动性（如晋升标准是否与项目贡献挂钩）。
结尾： 　　经过团队的共同努力，××市智慧交通系统建设项目于 2024 年 5 月如期顺利交付。项目团队通过科学合理的工作分析与岗位设计、人力资源战略与计划、人员招聘与录用、人员培训、组织绩效与薪酬管理以及人员职业规划与管理等措施，成功提升了团队的专业能力和项目执行效率，为项目的顺利实施和长期运营奠定了坚实基础。尽管项目取得预期成果，但在人员管理实践中仍存在可优化环节，如部分跨部门协作岗位因成员临时借调频繁，导致知识沉淀与经验传承存在断点。针对这一非核心问题，项目组建立"岗位交接双轨制"，同时搭建跨部门经验共享社区，定期举办"技术茶馆"沙龙促进隐性知识转化。实施三个月后，岗位交接适应周期由 14 天缩短至 5 天，知识复用率提升 40%。未来，随着信息技术的不断发展，企业应持续优化人员管理策略，以适应不断变化的业务需求和技术发展。	结尾总结成果与经验，提出"岗位交接双轨制"等改进措施，数据支撑（适应周期缩短至 5 天）增强可信度。但未能突出"人员招聘渠道有哪些"这一论文要求。

3.3.3　范文整体点评

1. 优点

　　论文紧密结合实际项目，从战略规划到职业发展的全周期管理链条完整，案例翔实。管理方法具有创新性（如"安全积分"制度），量化指标（威胁检出率 92%）体现实践成效。结构清晰，逻辑连贯，为 IT 项目人员管理提供了可复用的方法论，尤其在跨领域团队组建与敏捷绩效管理方面具有参考价值。

2. 不足之处

　　部分管理环节描述偏表面，如未深入分析招聘渠道的成本效益、培训效果评估缺失，整体深度与聚焦度有待提升。

第 4 章
优秀范文 10 篇

论文与案例是一体两面，案例中出现的问题，要避免在论文中出现。好的论文范文对考生论文考试会有相当大的帮助，本章精选了涵盖考纲的范文，以供读者借鉴参考。

4.1 应用系统规划论文实战

4.1.1 论文题目

论应用系统规划

科学的应用系统规划可以减少相关活动的盲目性，使应用系统具备良好的整体性、较高的适用性，同时，信息系统发展也具备有序的阶段性，有效管控信息系统的开发周期可以节约各类资源和费用投入。

请以"论应用系统规划"为题进行论述。

1．概要叙述你参与规划过的信息系统项目（项目的背景，项目规模，发起单位，目的，规划内容，组织结构，项目周期，交付的成果等），并说明你在其中承担的工作（项目背景要求本人真实经历，不得抄袭及杜撰）。

2．请结合你所叙述的信息系统项目，围绕以下要点论述你对信息系统规划的认识：

（1）请结合自己的项目描述应用系统规划的主要内容和主要过程。

（2）请根据你所规划的项目描述你在项目规划过程中使用了哪些常用方法。

3．请结合你所参与规划过的信息系统项目，论述你进行应用系统规划的具体做法，并总结心得体会。

4.1.2 精选范文

摘要：

2024 年 5 月，我作为系统规划与管理师主导某市示范性专科职业学院信息化规划项目，中标金额 52.6 万元，规划周期 3 个月。项目以"一平台支撑、三校区协同、六模块集成"为框架，构建统一信息门户与数据中台双核架构，整合教务管理、OA 协同等六大核心模块，通过 SD-WAN 实现三校区网络互通与数据实时同步。规划过程中，采用应用系统组合法将 28 个现存系统划分为核心、支撑、辅助三类，结合 TOGAF 架构框架完成业务能力映射与生命周期规划，制定《跨校区数据标准规范》等 12 项技术文档，支撑日均 2 万师生跨校区业务协同。本文结合该项目实践，从分级分类体系构建、五阶段递进式规划过程、组合法与 SOA 融合方法三方面，系统阐述应用系统规划的核心逻辑与实施路径。

背景：

某市示范性专科职业学院为破解三校区合并后的管理协同难题，响应教育部《职业教育数字化战略行动》要求，2024 年 5 月启动了"智慧校园"应用系统规划项目。学院整合原三校区的教学资源后，面临跨校区数据孤岛、业务流程割裂、师生服务低效等痛点，亟须通过统一规划构建数字化基座。项目由学院信息化办公室发起，规划经费 52.6 万元，规划周期 3 个月，我作为系统规划与管理师主导全局设计。规划方案以"一平台支撑、三校区协同、六模块集成"为框架，构建基于微服务架构的统一信息门户与数据中台，整合教务管理、OA 协同、资源共享等六大核心系统，技术层面采用华为云 Stack 混合云底座，部署达梦数据库与东方通中间件，实现三校区网络 SD-WAN 互联与数据实时同步，制定《跨校区数据标准规范》及《系统集成接口白皮书》，支撑日均 2 万师生跨校区业务协同。

过渡段：

由于该校涉及多个校区，面临跨校区数据孤岛、业务流程割裂等问题，科学规划显得尤为重要，在规划过程中，我们以"业务痛点驱动、架构牵引实施"为原则，通过应用系统组合法明确核心系统的微服务重构优先级，基于 TOGAF 框架将学院战略拆解为 17 项技术指标，形成"基线架构诊断—目标架构设计—迁移路径规划"的闭环体系。本文以该项目为例，从应用系统规划的主要内容、主要过程、常用方法几方面论述应用系统规划。

正文：

一、应用系统规划的主要内容

本项目应用系统规划的核心在于构建多校区协同的数字化基座，重点围绕分级分类、架构定义与数据治理展开。面对三校区合并后形成的跨区域业务协同痛点，我们首先对学院 28 个现存系统进行分级分类：将教务管理系统、OA 协同平台等直接影响教学管理的 6 个系统划为"核心类"，需优先重构并采用微服务架构；将数据中台、统一身份认证等 8 个支撑性系统归为"支撑类"，采用模块化开发模式；剩余 14 个辅助系统（如校园一卡通、设备报修）列为"辅助类"，通过标准化接口实现渐进式改造。在生命周期选择上，核心系统采用迭代式开发模型，每两周发布可交付版本；

支撑类系统采用增量模型，按季度推进功能扩展；辅助类系统则沿用瀑布模型以控制变更风险。

体系结构定义上，基于"一平台支撑、三校区协同、六模块集成"框架，构建了以统一信息门户为前端交互层、数据中台为业务逻辑层、华为云Stack混合云为基础设施层的三级架构。接口定义重点解决跨校区数据互通难题：用户界面层统一采用Vue 3.0框架实现多终端自适应，外部接口通过SD-WAN网络建立安全隧道，内部接口则基于gRPC协议实现微服务间高效通信。数据定义方面，依托达梦数据库建立全域数据模型，将原三校区异构的12类基础数据（如学籍信息、课程数据）统一重构为符合《跨校区数据标准规范》的标准化结构，并通过东方通中间件实现实时同步。构件定义阶段，对教务排课模块进行深度解耦，采用DDD领域驱动设计模式，将排课算法、教室资源调度等核心功能封装为独立服务单元，每个构件均定义清晰的API边界与数据契约，确保后续开发的可控性。

二、应用系统规划的主要过程

规划过程严格遵循"五阶段递进式"方法论。初步调研阶段，通过驻场观察、管理层访谈等方式，历时两周梳理出三校区合并后存在的5类典型问题：跨校区课表冲突率达23%、资源共享响应时间超5分钟、OA流程跨校区审批周期达3天等。可行性研究阶段，组建由教务、信息化等部门组成的联合评估组，从技术可行性角度论证微服务架构的适用性，经济层面测算出采用华为云Stack相比自建机房可节约初期投入42%，社会效益维度预估系统建成后师生满意度可提升35%。

详细调研阶段，运用ARIS业务流程分析工具，对涉及跨校区协作的17项关键流程（如联合排课、设备调度）进行端到端建模，识别出3类冗余审批环节和5处数据重复录入节点。系统分析阶段，采用场景化用例分析法，将"数字化转型三年计划"拆解为28个用户故事，形成包含132项功能点的需求规格说明书，重点解决如"三校区教室资源可视化调度"等核心需求。系统设计阶段，采用TOGAF架构开发方法，先构建基线架构揭示现有系统间的数据孤岛问题，再设计目标架构明确微服务拆分策略，最终通过差距分析确定需重构的8个遗留系统。整个过程产出《系统集成接口白皮书》等技术规范12份，为后续开发建立标准化约束。

三、应用系统规划的常用方法

规划方法体系以应用系统组合法为核心，融合SOA架构理念形成定制化解决方案。通过应用系统组合矩阵，将教务管理等核心系统定位为"战略型"应用，采用高投入高管控策略；数据中台等支撑系统划为"工厂型"，强调标准化与稳定性；移动校园等辅助系统归为"协作型"，侧重快速迭代。面向服务体系架构（SOA）的实践体现在三方面：服务划分上将跨校区选课功能抽象为可复用的选课服务总线，服务治理层面建立基于Kubernetes的弹性伸缩机制，服务集成方面通过ESB企业服务总线实现与原有教务系统的无缝对接。

TOGAF框架的深度应用贯穿规划全程：在业务架构层，建立"教学—管理—服务"三层能力模型，将学院战略转化为18项关键业务流程；数据架构设计上，采用"中心—边缘"模式，在核心校区部署达梦数据库主节点，两个分校区设置只读副本，通过逻辑时钟机制保障数据一致性；技术架构层面，基于华为云Stack构建混合云平台，关键服务部署在本地信创环境，非敏感业务迁移至公有云，既满足等保二级要求又实现计算资源弹性扩展。该方法体系的应用，使规划方案既具备理论严谨性，又保持工程落地性，最终支撑起日均处理 2 万+并发请求的数字化基座。

结尾：

通过 3 个月的规划攻坚，项目成功构建了支撑日均 2 万+并发的数字化基座，形成涵盖架构蓝图、技术规范、实施路径的全套方案。项目的成功经验表明，分级管控策略与架构驱动思维是应对多校区复杂性的关键：核心系统采用迭代开发保障敏捷性，支撑系统通过模块化设计确保稳定性，辅助系统借力标准化接口实现渐进改造。然而，在非核心系统技术负债评估方面存在不足，部分遗留系统的接口适配问题在集成测试阶段暴露，反映出技术资产评估模型的精细化程度有待提升。未来规划中，将引入架构债务量化分析工具，结合灰度发布机制增强方案鲁棒性。我们将持续深化 TOGAF 与 DevOps 的融合实践，为职业教育数字化转型贡献更具弹性的规划范式，为推动职业教育的发展贡献更多力量。

4.2 云资源规划论文实战

4.2.1 论文题目

论云资源规划

云资源规划是指在云计算环境中，对可用的云资源进行合理和有效的管理和分配的过程。它涉及对计算、存储、网络等资源进行规划和配置。

请以"论云资源规划"为题进行论述。

1. 概要叙述你参与规划过的信息系统项目（项目的背景，项目规模，发起单位，目的，规划内容，组织结构，项目周期，交付的成果等），并说明你在其中承担的工作（项目背景要求本人真实经历，不得抄袭及杜撰）。

2. 请结合你所叙述的信息系统项目，围绕以下要点论述你对云资源规划的认识：

（1）请结合自己的项目描述云资源规划的工作主要内容及工作要点。

（2）请根据你所规划的项目，描述云资源规划常用方法。

3. 请结合你所参与规划过的信息系统项目，论述你进行云资源规划的具体做法，并总结心得体会。

4.2.2 精选范文

摘要：

2023 年 10 月，某知名电商企业为应对业务高峰期资源瓶颈及传统 IT 架构的高成本问题，启动了云计算平台建设项目。项目合同金额 435.8 万元，建设周期 6 个月，我作为系统规划与管理师主导全局设计与资源规划。项目采用混合云架构，整合公有云弹性扩展与私有云安全保障，实现计算、存储资源的动态调配与成本优化。规划过程中，通过需求驱动分析与架构框架应用，完成资源评估模型构建、多云互联架构优化等关键任务，最终建成日均支持百万级并发的云平台，资源利用率由52%提升至72%，运营成本降低28%。本文结合该项目实践，从云资源规划流程、架构设计、资源规划方法及数据中心设计四方面，系统阐述云资源规划实践经验。

背景：

在电商行业竞争白热化与数字化转型加速的背景下，某头部电商企业因用户规模持续扩张与高频促销活动，其传统IT架构逐渐暴露出资源弹性不足、利用率低下等核心问题。业务高峰期频繁出现服务器过载引发的系统卡顿，严重影响用户体验。为突破资源动态调度与成本管控的双重瓶颈，企业于2023年10月正式启动云计算平台建设项目。总投资435.8万元，建设周期6个月，旨在通过云资源规划实现基础设施弹性扩展与智能化管理。项目由我担任系统规划负责人，组建包含业务部门、技术团队及云服务商的三级矩阵式组织架构，重点攻克资源评估模型构建、多云互联架构优化及成本控制体系设计三大核心问题。项目采用混合云解决方案：公有云承载秒杀等高并发弹性业务，私有云部署核心交易系统保障金融级安全，混合云管理平台实现跨云资源统一编排与监控。通过需求驱动分析与企业架构方法论应用，项目组完成业务流量预测、技术选型及实施方案设计，交付混合云管理平台、自动化运维系统及资源优化评估模型等成果，实现日均百万级并发支撑能力，资源利用率从52%提升至72%。

过渡段：

该项目致力于通过科学合理的云资源规划，实现资源的按需分配和高效利用，有效控制成本。项目综合考虑公有云、私有云和混合云的部署模式，期望构建一个兼具高效性、灵活性和安全性的云计算环境。面对资源动态需求与成本控制的矛盾，科学的云资源规划成为项目成败的关键。规划团队以"业务驱动、架构先行"为原则，通过混合云资源池化与自动化调度机制，实现计算资源的按需分配；结合分层存储策略与数据生命周期管理，优化存储成本；基于模块化数据中心设计，提升能效与扩展性。本文以该项目为例，从云资源规划流程、云计算架构、计算与存储资源规划及云数据中心设计四方面，探讨云资源规划的核心要点与实践价值。

正文：

一、云资源规划的基本流程

云资源规划遵循"需求驱动、动态优化"原则，形成五阶段闭环管理流程。在需求分析阶段，通过业务访谈与历史数据分析（日均交易量50万笔），明确"百万级并发支撑、年均IT成本降低30%"的核心目标，预测三年用户量年增长35%。约束界定阶段联合业务部门确定安全合规（等保三级）、成本控制（年运维预算<300万元）等限制条件，形成需求基线。方案设计阶段采用蒙特卡洛模拟评估资源瓶颈，制定混合云分层策略，通过总体拥有成本模型验证方案经济性，确定5年周期成本节省28%。实施部署阶段完成跨云专线组网（带宽10Gbps）、容器化平台建设及数据迁移（误差<0.01%）。持续优化阶段建立监控预警系统，通过季度配额迭代减少闲置资源35%。关键工作要点包括构建业务指标与技术指标的映射模型，设计分阶段预算控制机制（初期硬件投入200万元），建立资源利用率动态评估体系。实施过程中采用双周评审机制，确保规划方案与业务发展同步演进。

二、云计算架构设计

项目采用服务化混合云架构，构建三层技术体系：基础设施层整合公有云弹性资源与私有云裸金属集群，通过跨云专线实现网络互通；平台服务层搭建容器化应用平台支撑微服务治理，集成分布式数据库与消息中间件；安全体系实现数据全链路加密与跨云访问控制。架构设计突出三大特性：弹性扩展方面，自动伸缩机制应对秒杀业务 300%流量波动；智能调度方面，资源池化管理系统实现跨云负载均衡；安全可靠方面，多可用区部署保障系统可用性 99.95%。通过虚拟化技术整合物理资源，计算资源利用率提升 40%。存储层实施热数据加速与冷数据归档策略，存储成本降低 35%。实践表明，混合云架构有效平衡成本与安全，支撑业务敏捷迭代。具体实现中，公有云承载突发流量，私有云裸金属服务器保障核心交易系统低时延（<5ms），跨云管理平台实现资源统一监控与故障自愈。

三、资源规划

在计算资源规划中，按需求分析、容量规划、云服务选择、虚拟化策略、安全性考虑到成本效益分析与持续监控和维护步骤进行，基于历史流量数据，运用蒙特卡洛模拟确定私有云承载 70%基线负载；设计弹性扩容方案，突发实例应对秒杀峰值，容器化部署实现分钟级扩容；构建智能负载均衡系统，响应时间控制在 500ms 内；实施成本控制策略，组合使用预留实例与按需实例降低计算成本 28%。技术实现层面，通过容器编排平台实现资源池化管理，建立分级监控体系（阈值告警、流量预测、自动扩容），运营阶段构建资源利用率看板，季度优化减少闲置虚拟机 23%。

存储资源规划是一个综合性的过程，涉及对存储需求、性能要求、可用性要求、安全需求等进行分析和评估，以确定适当的存储资源配置和管理策略。规划初期，联合业务部门开展需求调研，分析日均 50 万笔交易产生的 PB 级数据特征，识别热数据（7 天内高频访问）与冷数据的存储需求差异。通过趋势分析预测三年数据年增长 40%，结合性能测试确定热数据需保障 IOPS>10 万的低时延要求，冷数据则侧重低成本存储。基于需求评估结果，采用混合存储架构：本地块存储集群承载核心交易热数据，对象存储服务归档冷数据，整体成本降低 35%。

架构设计层面，构建数据生命周期管理平台，实施自动化分级策略，动态迁移访问频率低于阈值的数据至低成本存储。安全规划遵循等保三级要求，部署跨云数据加密传输（加密率 100%）与双活灾备机制（RPO<15min），通过专线同步确保数据一致性误差<0.01%。容量管理结合弹性预留策略，保留 30%扩展空间应对突发需求，并运用智能归档技术释放无效存储 15TB。

性能优化贯穿全流程，引入缓存加速技术将热点数据查询响应时间压缩至 50ms，实时监控存储利用率（阈值 85%触发扩容告警）。运营阶段建立多维管理体系，通过统一监控平台追踪性能指标与设备状态，季度评估中优化冷数据归档规则，持续适配业务变化。实践表明，存储规划需紧密关联数据增长趋势与技术演进，通过定期评估迭代策略，方能实现资源效率与安全性的持续提升。

四、云数据中心规划

云数据中心规划以模块化设计与绿色节能为导向，构建高效弹性的基础设施。采用预制化集成方案，将供电、制冷与 IT 设备整合为标准化单元，部署效率提升 60%，能耗比降至 1.3 以下。网络层面通过虚拟化技术实现跨云高速互联（10Gbps 带宽），时延稳定在 5ms 内，结合动态路由协议构建多路径冗余，故障切换时间缩短至 30s。安全体系通过等保三级认证，部署智能入侵检测系统（误报率低于 0.1%）与流量加密技术，实现东西向数据全链路防护。节能方面应用液冷散热与智能温控算法，制冷能耗降低 22%，光伏供电系统年减碳量达 120 吨。扩展性设计预留 30%机柜空间，依托容器平台实现资源分钟级调度响应。运营端建立统一监控平台，实时分析设备状态与能效数据，硬件故障自动修复时间控制在 2 小时内。最终实现数据中心承载能力提升 3 倍，运维成本下降 28%，为业务系统提供高可靠支撑。

结尾：

经过 6 个月的攻坚，该电商云平台建设项目通过科学的资源规划，实现了资源利用率与业务敏捷性的双重提升。混合云架构与自动化管理机制有效平衡了弹性需求与成本控制，分级存储策略与能效优化技术为可持续发展奠定基础。然而，项目亦存在不足，如非结构化数据治理方案尚未完善，未来需引入 AI 驱动的资源预测模型。云资源规划并非一劳永逸，需随技术演进与业务需求持续迭代。企业应建立资源优化闭环，定期评估架构合理性，探索 Serverless 等新技术应用，方能在数字化转型中保持竞争优势。未来，我也将随着云计算技术的不断发展，需加强学习，以适应不断变化的业务需求和技术发展。

4.3 网络环境规划论文实战

4.3.1 论文题目

论网络环境规划

网络环境规划是信息系统规划的重要组成部分，要根据客户网络、业务、管理的现状和需求，综合考虑网络和业务演进、财务状况等因素，做好网络架构设计、覆盖范围规划、技术选择、承载能力规划、业务适应性，以及关联设备和系统的选择推荐等工作。

请以"论网络环境规划"为题进行论述。

1. 概要叙述你参与规划过的信息系统项目（项目的背景，项目规模，发起单位，目的，规划内容，组织结构，项目周期，交付的成果等），并说明你在其中承担的工作（项目背景要求本人真实经历，不得抄袭及杜撰）。
2. 请结合你所叙述的信息系统项目，围绕以下要点论述你对网络环境规划的认识：
（1）请结合自己的项目描述网络环境规划工作中网络架构和主要技术。
（2）请根据你所规划的项目，描述网络环境规划的主要分类及网络整体规划的重点事项。
3. 请结合你所参与规划过的信息系统项目，论述你进行网络环境规划的具体做法，并总结心得体会。

4.3.2 精选范文

摘要：

2023 年 3 月，某零售企业为应对线上线下业务协同困难及网络性能瓶颈问题，启动数字化转型网络环境规划项目，总投资 331.3 万元，建设周期 4 个月。作为系统规划与管理师，我基于分层网络模型与通信协议理论，从架构设计、环境分类及实施要点三方面展开：架构采用"核心—汇聚—接入"分层模型，融合智能广域网优化、虚拟局域网划分及高速无线覆盖技术；规划涵盖广域、局域及无线三网协同设计；实施中完成传统专线替换、安全合规体系构建及智能运维平台部署。本文以该项目为例，从网络架构设计及主要技术、网络环境规划分类及网络整体规划实施要点三方面，论述网络环境规划的核心实践。

背景：

某零售企业在数字化转型过程中，面临传统网络架构的三大核心问题：一是总部与门店间依赖专用线路传输，库存数据同步延迟；二是门店内部网络设备性能低下，严重影响顾客体验；三是无线信号覆盖范围有限。为突破业务协同与网络性能瓶颈，企业于 2023 年 3 月启动网络环境规划项目，总投资 331.3 万元，由我担任系统规划与管理师。规划聚焦三大目标：保障促销高峰期业务连续运行（可用性 99.99%）、实现全场景有线无线网络覆盖、构建符合国家安全标准的技术体系。技术实施采用分层治理逻辑：广域网部署智能路由替代传统专线，带宽利用率提升至 85%；局域网通过虚拟划分隔离收银与库存流量，规避广播风暴；无线网构建 500 终端并发接入能力，采用定向天线与多 AP 协作优化覆盖。安全体系融合防火墙集群与动态身份验证，形成物理层至应用层立体防御，最终交付智能管理平台，推动库存同步效率提升 30%、收银响应时间压缩至 200ms，奠定智慧零售转型基础。

项目交付网络架构设计图、安全运维规范及智能化管理平台，推动库存同步效率提升 30%，收银响应时间压缩至 200 毫秒，为企业从传统运营向智慧零售转型奠定坚实网络基础。

过渡段：

本次规划不仅是对传统网络的升级，更是对企业数字化基座的系统性重构。规划初期，通过业务影响分析识别出数据传输延迟、无线覆盖不足等 6 类关键问题，将其转化为网络时延、吞吐量等技术指标。架构设计阶段采用企业架构开发方法，对比现状与目标差距，明确智能路由部署、虚拟网划分及无线网格化布局等技术路径。实施中结合网络管理五大功能（故障、配置、性能、安全、运维），构建可视化监控平台，实现故障自愈与性能优化。本文以该项目为例，从网络架构设计及主要技术、网络环境规划分类及网络整体规划实施要点三方面，解析网络环境规划的核心要点与实践经验。

正文：

一、网络架构设计及主要技术

本项目基于"核心—汇聚—接入"三级架构构建智能化网络体系，通过分层治理与业务适配实现全栈优化。在物理基础设施层面，针对无线覆盖不足的痛点，采用高速无线技术与信道干扰分析相结合的解决方案，通过网格化布局和定向天线部署实现全门店信号无缝覆盖，同时运用功率动态调节技术将收银区域响应时间从 800ms 压缩至 200ms。数据链路层创新部署虚拟划分技术，构建业务流量隔离机制，为收银、库存及管理系统设立独立虚拟网段，配合环路防护协议有效规避广播风暴风险，确保交易数据与客流量统计的传输质量互不干扰。

网络传输层面采取智能路由与流量控制双轨策略，在广域网设计中以动态路径选择替代传统专线，通过"核心—边缘"架构实现跨区域传输效率跃升。典型案例显示，智能路由在促销高峰期自动切换至最优路径，使带宽利用率从 40%跃升至 85%，库存同步延迟更从 5min 缩短至 1s。传输层通过精细化流量控制协议建立端到端可靠性保障机制，配合华北与华南节点间的双链路冗余设计，将故障切换时间精准控制在 30s 阈值内。

应用服务层面深度融合智能算法与安全防护体系，既通过 AR 导购实时渲染等技术提升业务交互体验，又构建纵深防御矩阵。安全体系采用防火墙集群与动态身份验证的复合架构，在数据链路层实施 VLAN 隔离策略，网络层部署 DDoS 防护系统，应用层强化日志审计功能，形成从物理层到应用层的立体防护网。安全运营中心（SOC）整合入侵检测与日志分析平台，对高频端口扫描等攻击行为实现毫秒级响应，有效满足等保三级合规要求

二、网络环境规划分类

网络环境规划需根据业务场景与技术特性分类实施，本项目聚焦广域网、局域网及无线网的协同设计。

广域网规划方面，重点解决跨区域数据传输瓶颈。通过成本效益分析，选择智能路由技术替代高成本专线，结合加密通道实现分支机构安全互联。规划中采用"核心—边缘"架构，核心节点部署高性能路由设备，边缘节点通过轻量化接入降低时延。例如，华北与华南节点间部署双链路冗余，故障切换时间控制在 30s 内。

局域网规划方面，以性能优化与安全隔离为目标。采用高性能交换设备构建三层架构，核心层支持万兆上行，汇聚层实现策略路由，接入层按业务划分虚拟网段。通过生成树协议消除环路风险，结合端口安全策略限制非法设备接入。例如，库存管理系统独立划分虚拟网段，避免与顾客 Wi-Fi 流量竞争带宽。

无线网规划方面，覆盖与容量并重。采用网格化布局实现无缝覆盖，通过频段优化与负载均衡技术提升并发接入能力。部署集中管理平台，实时监控 AP 状态并自动调优信道分配。例如，在仓储区域采用定向天线增强信号穿透，在卖场区域通过多 AP 协作降低干扰。

三、网络整体规划实施要点

网络整体规划需立足全局视角，围绕网络管理维护、安全防护、基础设施及可持续运营四大核心展开。在本项目中，通过构建智能运维平台集成 ISO 网络管理五大功能——故障管理、配置管理、性能管理、安全管理和计费管理，实现网络全生命周期管控。

其中，网络管理与维护上，部署集中监控系统，实时采集网络设备告警信息与性能数据。基于 SNMP 协议对接核心交换机与无线控制器，通过 MIB 库定义关键监控指标，如链路负载、端口流量及设备健康状态。例如，促销高峰期通过性能管理模块分析流量趋势，动态调整带宽分配；故障管理模块结合 AI 算法预测链路拥塞风险，提前触发扩容告警，故障定位时间缩短至 5min 内。

安全体系设计则采用纵深防御策略，网络层部署防火墙集群拦截 DDoS 攻击，数据链路层通过 VLAN 划分隔离收银系统与公共 Wi-Fi 流量，应用层启用动态身份认证与日志审计。安全运营中心（SOC）整合入侵检测系统（IDS）与日志分析平台，实时监测异常访问行为。例如，针对高频端口扫描攻击，IPS 设备自动阻断可疑 IP 并生成安全事件报告，满足等保三级合规要求。

基础设施规划方面，机房建设中，采用模块化设计整合供电、制冷与网络机柜，通过冷热通道隔离提升空调效率，PUE值降至1.3以下。综合布线系统遵循结构化标准，划分建筑群子系统、干线子系统与配线子系统，采用六类屏蔽线缆支持万兆传输，预留30%冗余端口应对业务扩展。监控系统覆盖动力环境、网络设备及安防设施，如温湿度传感器实时联动空调系统，消防监控模块自动触发气体灭火装置，保障机房物理安全。

节能降耗与可持续运营主要引入AI能效优化算法，动态调节制冷系统功率，结合光伏供电降低碳排放。机柜采用液冷散热与盲板封闭技术，减少冷气浪费；服务器部署虚拟化技术提升资源利用率。定期开展灾难恢复演练，制定业务连续性计划，确保核心系统RTO小于30min。

通过上述措施，网络规划不仅满足业务高可用需求，更实现了从"被动运维"向"智能运营"的转型，为数字化转型夯实了基础设施底座。

结尾：

在团队的共同努力下，我们顺利完成了本项目的规划。本项目通过科学的网络环境规划，验证了"分层设计—分类实施—闭环优化"方法论的有效性。核心经验包括：一是网络架构须紧密贴合业务场景；二是规划分类应体现技术特性差异，广域网重传输效率，局域网强安全管控，无线网求覆盖与容量平衡；三是实施需兼顾短期成效与长期扩展，通过智能运维平台实现全生命周期管理。实践中亦发现，网络规划需重点关注避免过度追求技术先进性而忽视兼容性，如部分老旧设备无法适配新协议，需制定渐进式替换方案等。未来，随着边缘计算与AI技术的普及，网络规划需进一步强化实时性与自适应能力，如引入意图驱动网络（IDN）实现业务意图自动映射为网络策略。本项目的成功实施，为零售行业数字化转型提供了可复用的网络规划范式，也为跨行业网络环境规划积累了宝贵经验。

4.4 数据资源规划论文实战

4.4.1 论文题目

论数据资源规划

科学合理的数据资源规划能够保证数据资源得到有效的利用与分析，使得数据在不同平台上进行交换、共享和整合，为组织提供有价值的信息和洞察。

请以"论数据资源规划"为题进行论述。

1. 概要叙述你参与规划过的信息系统项目（项目的背景，项目规模，发起单位，目的，规划内容，组织结构，项目周期，交付的成果等），并说明你在其中承担的工作（项目背景要求本人真实经历，不得抄袭及杜撰）。

2. 请结合你所叙述的信息系统项目，围绕以下要点论述你对数据资源规划的认识：

（1）请结合自己的项目描述数据资源规划过程中采用的方法。

（2）请根据你所规划的项目，描述数据资源规划包括几个方面。

3. 请结合你所参与规划过的信息系统项目，论述你进行数据资源规划的具体做法，并总结心得体会。

4.4.2 精选范文

摘要：

2024年6月，我作为系统规划与管理师主导某IT企业数据资源规划项目，合同金额117.5万元，建设周期4个月。项目聚焦于解决企业数据分散、整合困难及安全风险高等问题。拟通过整合多源异构数据资源，构建统一的数据架构，制定标准化管理体系，并建立安全防护机制。规划过程中，我采用基于稳定信息过程的方法，结合业务场景分析，定义职能域、构建主题数据库，并围绕数据架构、标准化及管理三方面设计实施方案。最终交付了包括全域数据资源目录、企业级数据标准体系、分布式数据湖平台及数据安全管理规范的项目交付成果，突破数据管理困境，提升了该企业核心竞争力。本文以该项目为例，从规划方法与规划内容两方面论述数据资源规划的管理实践。

背景：

某软件开发与信息技术服务企业，在业务高速发展过程中积累了海量客户信息、项目开发记录、技术文档及运维日志等数据资源。然而，传统数据管理模式导致数据存储分散于不同项目组，格式差异显著，形成"数据孤岛"；同时，安全策略缺失使企业面临数据泄露风险。为应对挑战，企业于2024年6月启动数据资源规划项目，总投资117.5万元，建设周期4个月，旨在通过科学规划整合数据资产、提升处理效率、保障数据安全。我公司凭借在数据治理领域的经验成功中标，我作为该项目的系统规划与管理师，主导需求分析、方案设计与实施管控。项目规划内容涵盖数据架构设计、标准化体系构建及安全管理机制优化，最终形成覆盖全业务链的数据资源管理框架。技术层面采用混合云架构，集成分布式存储、实时计算引擎及国产密码算法（SM4），支持PB级数据处理与毫秒级响应；业务层面建立数据资源目录，统一元数据标准，实现跨部门数据共享率提升至95%，并通过零信任安全模型降低数据泄露风险。

过渡段：

数据资源规划不仅是技术升级，更是企业数字化转型的核心引擎。通过系统化规划，企业能够打破数据壁垒，释放数据价值，并为业务创新提供可持续支撑。本项目以"整合、规范、安全"为核心理念，采用基于稳定信息过程的方法，从业务职能域分析入手，构建全域数据模型，并围绕数据架构、标准化及管理三大维度设计实施方案。规划过程中，我注重战略目标与业务需求的耦合，通过深度调研、模型分析与持续优化，确保规划方案既符合技术趋势，又能解决实际痛点。本文结合该项目实践，从资源规划方法与规划内容两方面展开论述，深入解析数据资源规划的理论应用与实践经验。

正文：

一、数据资源规划的方法

目前主流的数据资源规划方法有三个：基于稳定信息过程的方法、基于稳定信息结构的方法和基于指标能力的方法。其中基于稳定信息过程的方法，适用于业务场景相对固定、前期数据积累较少的情况，优点是理论成熟、易理解、实现难度不大；缺点是步骤繁杂、涉及因素多、数据稳定性较差。基于稳定信息结构的方法则适用于业务场景经常变化、前期数据积累较多的情况，优点是理论较成熟、实施周期较短、数据稳定性好；缺点是全局设计后置、初期工作量大、并行工作组织难度大。基于指标能力的方法更适用于业务场景涉及决策、前期数据积累较少的情况。优点是直接支撑决策需求、设计思路清晰、数据稳定性好；缺点是实现案例少、实施难度大、对设计人员要求高。

结合项目实际，我们在本项目中采用了基于稳定信息过程的方法，以业务稳定性和数据治理为核心，分阶段推进规划工作。首先，通过定义职能域明确业务边界，将企业业务划分为客户管理、项目管理、技术研发及运维支持四大职能域，并逐层拆解至业务活动级，形成"职能域—业务过程—业务活动"三层模型。例如，在客户管理职能域中，识别出客户信息采集、需求分析、服务反馈等12项核心业务过程。随后，通过数据流程图分析各职能域内外的数据流向，识别出27类关键用户视图（如客户画像表、项目进度看板），并基于数据元素标准化原则，建立企业级数据字典，涵盖数据名称、定义及表示规则。

在可行性分析阶段，重点评估资源、操作与技术可行性。资源层面，联合企业高层成立跨部门规划小组，确保人力与资金支持；技术层面，采用微服务架构与容器化部署，兼容现有系统并支持弹性扩展。规划过程中，通过建立业务逻辑模型（如数据流图与实体联系图）明确数据资源需求，并基于主题数据库设计原则，将分散的客户数据、项目数据整合为"客户全生命周期库"与"项目协同库"，实现数据集中存储与跨域共享。最终，通过数据分布分析确定混合存储策略——实时数据存入分布式数据库（TiDB），历史数据归档至数据湖（MinIO），兼顾性能与成本。

二、数据资源规划内容

1. 数据架构设计

数据架构是资源规划的基础。本项目采用混合架构模式，融合传统集中式与云原生技术。针对核心业务数据（如客户信息），构建集中式数据仓库，通过统一元数据管理确保一致性；对于非结构化数据（如技术文档、日志文件），搭建数据湖平台，支持多格式存储与实时分析。同时，引入Lambda架构处理实时与批量数据——批处理层（Hive）用于离线报表生成，速度层（Flink）支持实时告警与监控。在安全层面，通过数据分类分级（如客户隐私数据标记为L3级），实施动态脱敏与加密存储，并基于RBAC模型细化权限管控，确保敏感数据仅限授权人员访问。

2. 数据标准化

标准化是消除数据歧义、促进共享的关键。项目制定企业级数据标准体系，包括数据元规范、分类编码规则及元数据管理框架。数据元标准化方面，统一客户ID、项目编号等核心字段的定义与格式（如客户ID采用"区域码+时序码"结构）；分类编码遵循"稳定性与可扩展性"原则，将技术文档按"研发类—测试类—运维类"三级分类，并赋予唯一编码。元数据管理采用集中注册模式，通过Apache Atlas构建元数据目录，记录数据来源、更新频率及责任人，实现数据血缘追溯。此外，建立数据质量评估模型，从一致性、完整性等维度设置阈值（如客户信息完整率≥99.5%），并嵌入ETL流程自动校验。

3. 数据管理

数据管理聚焦治理、质量与安全。治理层面，成立数据治理委员会，制定《数据资源管理办法》，明确数据所有权与使用规范；通过数据资产地图可视化展示资源分布，支持业务部门按需申请。质量管理方面，定义 6 类质量维度（如唯一性、有效性），针对客户信息库开展专项清洗，修复重复记录 1.2 万条，空值填充率提升至 98%。安全防护采用零信任模型，通过动态令牌认证与流量加密（SM4）防止未授权访问，并部署审计系统记录全链路操作日志。此外，建立数据安全事件响应机制，模拟演练泄露场景，确保 30 分钟内定位并隔离风险。

结尾：

本项目通过科学规划，成功构建高效、安全的数据资源体系，实现跨部门数据共享率提升至 95%，数据处理效率提高 40%，并有效规避数据泄露风险。经验总结为三点：一是采用基于稳定信息过程的方法，确保规划与业务深度契合；二是通过混合架构平衡性能与扩展性；三是建立标准化体系与治理机制，保障数据全生命周期可控。不足之处在于部分历史数据迁移耗时超出预期，需优化 ETL 工具链；此外，实时计算资源利用率仅达 75%，后续需引入弹性调度算法。未来计划扩展 AI 驱动的数据洞察模块，实现自动化异常检测与预测分析，并探索区块链技术强化数据溯源能力。数据资源规划作为数字化转型的基石，需持续迭代优化，方能助力企业在竞争中占据先机。

4.5 云原生系统规划论文实战

4.5.1 论文题目

论云原生系统规划

对于组织而言，选择云原生技术不仅仅是出于降本增效的考虑，还能为组织创造过去难以想象的业务承载量，对于组织业务规模和业务创新来说，云原生技术都正在成为全新的生产力工具。

请以"论云原生系统规划"为题进行论述。

1. 概要叙述你参与规划过的信息系统项目（项目的背景，项目规模，发起单位，目的，规划内容，组织结构，项目周期，交付的成果等），并说明你在其中承担的工作（项目背景要求本人真实经历，不得抄袭及杜撰）。

2. 请结合你所叙述的信息系统项目，围绕以下要点论述你对云原生系统规划的认识：

（1）请结合自己的项目描述如何对云原生进行技术架构。

（2）请根据你所规划的项目，描述云原生建设规划。

3. 请结合你所参与规划过的信息系统项目，论述你进行云原生系统规划的具体做法，并总结心得体会。

4.5.2 精选范文

摘要：

2024 年下半年，某知名酒业公司为应对数字化转型需求，启动"酒业上云"项目，总投资 1237 万元，计划 6 个月内构建支持线上采购、秒杀促销、支付结算及防伪溯源的电子商城系统。

作为系统规划与管理师，我主导项目整体规划，引入云原生技术架构，通过容器化、微服务、服务网格及自动化运维等核心能力，实现系统高弹性、高可用与快速迭代。项目交付成果包括基于容器编排平台的容器云环境、全链路开发运维一体化流水线、服务治理体系及安全韧性方案，成功支撑日均百万级交易量，并通过国家信息安全等级保护二级认证。本文以该项目为例，从云原生技术架构设计与分阶段建设规划两方面，论述如何通过云原生技术赋能企业业务创新，并总结实践经验与改进方向。

背景：

某知名酒业公司作为行业龙头企业，其线下渠道虽占据优势，但线上业务布局滞后，尤其在促销活动承载能力、系统迭代速度及用户体验方面存在明显短板。2024 年下半年，公司正式发起"酒业上云"项目，旨在构建一体化电子商城系统，覆盖线上采购、限时秒杀、支付结算、线下原厂配送及防伪溯源等核心功能。项目需应对瞬时流量高峰、复杂业务链路（如支付与物流协同）及安全合规要求，传统单体架构在弹性扩展、部署效率及运维成本上均难以满足需求。项目总投资 1237 万元，工期 6 个月，我作为该项目的系统规划及管理师，率 20 名成员分阶段推进规划与实施。

在此背景下，技术选型聚焦云原生技术体系。云原生通过容器化、微服务、不可变基础设施及声明式接口构建可弹性扩展的应用，其自动化与松耦合特性能够有效支撑业务敏捷性。首期目标为搭建容器云平台并完成核心业务微服务化改造，二期深化服务治理与自动化交付，三期强化安全防护与韧性能力。项目最终通过压力测试验证，系统成功承载峰值流量，资源利用率提升 40%，并实现业务迭代周期从月级压缩至周级，为企业数字化转型奠定技术基础。

过渡段：

云原生系统规划的本质是通过技术架构重构，将非功能性需求（如弹性、可观测性、安全性）下沉至基础设施层，使业务聚焦于核心价值创新。在"酒业上云"项目中，我们以云原生技术的官方定义为核心指导，结合"服务化、弹性、可观测、韧性、自动化"等设计原则，采用"顶层规划+分步实施"策略，构建符合业务场景的技术架构与实施路径。本文从技术架构设计理念与建设规划实践两方面展开论述，解析云原生技术如何赋能企业实现业务规模与创新能力的双重突破。

正文

一、云原生技术架构设计

在技术架构设计层面，项目严格遵循云原生系统规划中提出的架构模式与设计原则，以"业务轻量化、基础设施智能化"为目标，构建松耦合、高弹性的系统架构。

基于领域驱动设计方法，我们将商城系统拆分为商品中心、订单服务、支付网关、库存管理、用户认证等 12 个微服务模块，每个服务独立封装业务逻辑，通过高效通信协议实现交互。这一服务化架构设计不仅符合"模块业务服务化"原则，还通过标准化接口契约规范服务交互。服务化架构支持独立部署与扩展，如秒杀服务可单独扩容以应对流量峰值，而无须整体系统重构，显著提升业务敏捷性。

为应对服务治理的复杂性，项目引入服务网格技术，将流量管理、熔断限流、安全策略等非业务功能从代码中剥离，交由边车代理处理。服务网格支持跨语言调用，避免传统开发工具包强耦合的弊端，实现中间件升级对业务透明化，与"构建与云厂商解耦的生态"目标高度契合。

针对高并发场景的弹性需求，秒杀功能采用无服务器计算模式，通过事件驱动自动扩容，实例数能在秒级内从 10 个扩展至 1000 个，活动结束后资源自动释放，成本降低 60%。订单服务则采用云原生数据库实现存储与计算分离，结合本地缓存降低延迟，交易吞吐量提升至每秒 5000 笔，完美应对"为应用提供极致性能算力"的要求。

在设计原则落地层面，项目深度融合云原生规划的七大原则。弹性原则通过容器编排平台的自动扩缩容机制动态调整实例规模。可观测性原则集成监控工具链，实现指标采集、日志聚合及全链路追踪。韧性原则通过熔断机制与多可用区部署，核心服务冗余运行于 3 个可用区，数据库主从切换时间控制在 30s 内，业务中断风险降低 90%。零信任原则则通过接口网关集成身份认证与令牌验证，最小化服务暴露面，结合基于角色的权限模型，实现"最小权限访问"，有效防御未授权攻击。自动化原则基于开发运维一体化工具链构建持续交付流程，代码提交后自动触发构建、测试、镜像扫描及部署。持续演进原则通过架构设计预留扩展接口，支持未来无缝集成智能能力与边缘计算节点。

关键技术选型上，容器运行时采用主流的容器引擎与容器运行时接口，编排平台基于容器编排集群实现跨云多区域部署；安全层面集成容器漏洞扫描工具，嵌入持续集成流程阻断高风险镜像，构建端到端安全防线。上述实践全面呼应云原生规划的"统一开源生态""自动化交付"等核心概念，确保技术架构与业务目标深度对齐。

二、云原生建设规划

项目建设规划严格遵循云原生系统规划中提出的"五步实施路线"，分阶段推进技术落地与能力升级，确保资源投入与业务价值交付平衡。

项目首期聚焦微服务拆分与容器化部署，基于领域驱动设计方法将单体应用拆分为 12 个微服务，每个服务遵循云原生十二要素原则，实现环境配置与代码分离，如通过配置管理工具管理数据库连接信息。同时，基于容器编排平台搭建私有容器云环境，采用标准化应用部署模板，初步完成商品浏览、订单提交等核心功能上线。此阶段容器化率达 100%，资源利用率提升 30%，为后续治理与扩展奠定基础。

随着微服务数量增长，服务调用复杂度显著上升，第二阶段引入服务网格技术，通过统一控制面管理内部流量，定义标准化接口契约并生成接口文档，支持第三方物流系统快速对接。例如，库存服务通过服务网格的负载均衡策略配置，调用成功率从 98% 提升至 99.95%。此外，建立接口网关统一管理外部流量，实现限流、鉴权与审计功能，与"基于接口协作"原则高度一致。

第三阶段构建自动化交付流水线，集成代码静态分析工具、依赖安全检查工具及镜像扫描工具，每日执行安全扫描并阻断高风险构建。同时，启用双向传输层安全加密微服务间通信，定期执行渗透测试与漏洞修复，安全事件响应时效缩短至 10 分钟，并通过国家信息安全等级保护二级认证。此阶段发布频率提升至每日 3 次，业务需求交付周期压缩 60%。

为实现"资源调度与管理高效化"目标，第四阶段推动开发团队通过基础设施即代码工具自助申请计算资源与数据库实例，平台自动审批并部署环境。例如，测试环境资源交付时间从 3 天缩短至 10 分钟，资源闲置率降低 25%。此外，构建统一监控门户，开发人员可实时查看服务健康状态与资源使用情况，进一步提升运维透明度。

第五阶段通过故障注入工具模拟节点故障、网络延迟及数据库主从切换异常，主动暴露系统弱点。例如，模拟支付服务宕机时，熔断机制自动切换至降级模式，保证订单服务持续运行；通过攻防演练修复缓存未授权访问漏洞，系统可用性达 99.99%。此阶段还建立服务等级目标体系，定义并发度、耗时等关键指标，结合监控工具实现实时度量，持续优化用户体验。

项目最终实现容器化率 100%，资源利用率提升 40%；持续交付流水线支持 1 小时内完成灰度发布；安全防护通过国家信息安全等级保护二级认证；系统成功承载秒杀场景每秒 10 万次并发请求，零宕机故障。业务层面，线上销售额季度环比增长 120%，用户投诉率下降 70%，充分验证云原生技术对业务创新的驱动作用。

结尾：

"酒业上云"项目通过系统化的云原生规划，成功构建高弹性、高可用的电商平台，为企业数字化转型提供坚实技术底座。经验表明，服务化架构与自动化工具链是提升业务敏捷性的核心，而韧性设计与安全加固是稳定运行的基石。项目初期因服务网格配置复杂导致团队适应期较长，后期通过标准化文档与培训优化解决。未来计划引入智能运维技术实现故障预测与自愈，并探索边缘计算与云原生融合，进一步优化配送链路延迟。云原生不仅是技术升级，更是组织协作模式与创新能力的重构，唯有持续迭代、生态整合与团队赋能，方能最大化释放其价值，助力企业在数字化浪潮中行稳致远。

4.6 信息系统服务管理论文实战

4.6.1 论文题目

论信息系统的服务管理

信息系统服务管理作为支持组织运作、实现组织目标的重要手段，其质量与水平直接影响组织的生存与发展。如何提高信息系统服务管理水平，增加信息系统投资回报率，降低信息系统运营风险，保障业务正常、稳定、高效地运行，逐渐成为组织决策者关注的焦点。

请以"论信息系统的服务管理"为题进行论述。

1. 概要叙述你参加过的或者你所在组织开展过的某信息系统服务管理项目的基本情况（背景、目的、项目规模、发起单位、项目内容、项目周期、组织结构、服务对象、服务内容、交付成果等），并说明你在其中承担的工作（项目背景要求本人真实经历，不得抄袭及杜撰）。

2. 请结合你所叙述的信息系统服务管理项目，围绕以下要点论述你对信息系统服务管理的认识：

（1）请结合自己管理的项目描述信息系统服务管理的生存周期。

（2）请根据你所规划的项目，描述在服务运营提升期间重点关注的工作。

3. 请结合你所参与管理过的信息系统项目，论述你是如何进行信息系统管理的（可叙述具体做法），并总结你的心得体会。

4.6.2 精选范文

摘要：

2023 年 5 月，我作为系统规划与管理师主持了××省××银行自助设备系统服务管理项目，该项目合同金额为 117 万元，服务期限为 1 年。项目覆盖该行 9 个地市 87 个县共 460 台 ATM/CRS 自助设备，服务内容涵盖软件升级维护、硬件故障处理、设备运行环境维护等服务。针对设备分布广、服务时效性要求高等特点，我构建了三级运维体系：1 个省级集中监控中心、3 个区域技术支援站、9 支属地化运维团队。通过部署智能运维平台实现 98%故障远程诊断，建立备件联储机制将平均修复时间（MTTR）压缩至 2.6 小时，最终设备完好率从 78%提升至 99.2%，客户投诉率下降 67%。本文从服务战略规划、设计实现、运营提升、退役终止及持续改进等维度，系统论述了银行自助设备系统服务管理实践。

背景：

在金融行业数字化转型加速的背景下，××省××银行面临自助设备运维体系升级的迫切需求。全省 460 台自助设备（含 ATM、CRS 及智能柜台）分布于 9 个地市 87 个县，其中 32%位于偏远乡镇，设备老旧化严重（45%为 2018 年前投产机型），备件供应不足等问题。据此，该行于 2023 年 5 月对自助设备运维服务项目进行了公开招标，我公司以 117 万元的投标价顺利中标，运维期一年。作为项目型组织，公司任命我为该项目的系统规划与管理师，具体负责项目的运维服务管理工作，本项目针对性地构建了"集中监控+区域支援+属地服务"三级运维体系：省级监控中心通过部署智能运维平台实现 7×8 小时值守及 7×24 小时远程支持，实时采集设备运行数据；3 个区域技术支援站配置专业检测设备，建立涵盖读卡器模块、出钞机芯等 12 类 2000+备件的智能仓储系统，实施"地市 6 小时送达"的应急响应机制；9 支属地团队配备 AR 远程协助终端，严格执行故障分级处置（一级故障 30 分钟远程诊断、二级故障 2 小时到场）。服务内容涵盖软件运维（如月度系统补丁更新）、硬件维护（年度深度保养≥2 次/台）、环境监控（实时监测温湿度/震动/非法开启）三大维度，同步提供设备健康度分析及季度应急演练等增值服务。以最终实现设备完好率从 78%提升至 98%、乡镇到场时间压缩至 24 小时的核心目标。

过渡段：

信息系统服务管理作为支持组织运作、实现组织目标的重要手段，其质量与水平直接影响组织的生存与发展。如何通过科学的信息系统服务管理提升服务质量，成为项目成功的关键。为此，我从信息系统服务管理生存周期战略规划出发，对该系统进行了全生命周期服务管理，特别是在服务运营提升期间重点关注了业务关系管理、服务营销度量等方面，同时加强与干系人的沟通。本文以该项目为例，从服务战略规划、设计实现、运营提升、退役终止以及持续改进与监督几方面论述了信息系统服务管理。

正文：

一、服务战略规划

在服务战略规划阶段，我们严格遵循"需求识别—目录定义—级别设计—协议落地"的完整闭环。基于××银行的现状，首先成立由市场、技术、运维组成的服务目录管理小组，通过现场调研将客户需求分解为六大维度：设备可用性（完好率>99%）、服务连续性（乡镇到场≤24小时）、应急能力（季度演练）、信息安全（国密算法升级）、成本控制（年度预算117万元）及服务报告（月度健康度分析）。据此编制三级服务目录：基础层包含 Windows XP 系统补丁更新、出钞机芯更换等12项标准服务；增强层开发钞箱预测模型、区块链维修存证等5项增值服务；战略层建立设备全生命周期管理方案。同步开展服务级别设计，将 SLA 中"2小时响应"要求拆解为 OLA 细则——省级备件库30分钟出库、区域支援站90分钟送达，并与物流供应商签订 UC 支持合同明确奖惩条款。通过服务目录与服务协议的精准映射，使分散的运维需求转化为可量化执行的35项 KPI 指标，最终支撑设备完好率提升至98%、服务成本节约18%的战略目标实现。

二、服务设计实现

服务设计实现阶段是将服务战略规划转化为具体实施方案的关键环节。在××省××银行自助设备运维服务项目中，我们根据服务需求，选择了适合的服务模式，包括远程技术支持和现场技术支持相结合的方式。在人员要素设计方面，我们配置了专业的技术支持团队，含5名省级专家、15名区域技术骨干、30名属地工程师，执行阶梯认证制度（持银联 ATM 认证证书者占比达80%），并明确了各岗位的职责和绩效考核指标。同时，我们还制订了详细的人员培训计划。在资源要素设计中，我们拟在省级中心部署智能运维平台（集成 LSTM 故障预测、AR 远程协助模块），3个区域站配置专业检测设备及预置12类高损件2000+库存，12支属地团队配备移动运维终端。技术要素设计方面，重点突破老旧设备兼容难题，我们制定了详细的监控指标和阈值表，建立了仿真测试环境，并制定了应急预案，以应对可能出现的技术问题。过程要素设计则涵盖了服务级别管理、事件管理、问题管理、配置管理、变更管理和发布管理等多个方面。通过这些设计，我们为服务的高质量交付提供了有力保障。

三、服务运营提升

服务运营提升是项目实施过程中的重要环节，其目标是通过优化服务流程、提升服务质量，增强客户满意度。在××省××银行自助设备运维服务项目中，我们重点关注了业务关系管理、服务营销度量、服务成本度量和服务外包收益等方面。业务关系管理方面，我们建立了"三会三报"机制（月度运营分析会、季度高层研讨会、年度总结会；设备健康日报/区域效能周报/服务价值月报）的沟通机制，累计开展客户满意度调查12次。同时，我们还加强了与供应商的合作，与顺丰速运签订战略协议，使偏远网点备件获取时效缩短42%。服务营销度量方面，我们通过定期的服务报告和绩效评估，向客户展示服务成果，增强客户对服务的认可度。服务成本度量则通过精确的成本核算和预算管理，确保项目在成本可控的前提下实现高质量服务。此外，我们还通过服务外包收益分析，优化资源配置，提升服务效率和经济效益。通过这些措施，达成服务质量与经济效益的双重提升。

四、服务退役终止

服务退役终止是项目生命周期的最后阶段，其目的是确保服务的平稳过渡和资源的合理回收。在××省××银行自助设备运维服务项目中，我们制定了详细的服务退役计划，明确了服务终止的条件、目标、流程和相关方的职责。在沟通管理方面，我们通过召开服务终止计划编制会议、评审会议和移交会议，确保供需双方对服务终止过程的充分理解和一致认可。风险控制方面，我们对数据风险、业务连续性风险、法律法规风险和信息安全风险进行了全面评估，并制定了相应的风险控制措施。资源回收方面，我们对文件、财务、人力和基础设施等资源进行了系统的回收和确认，确保资源的合理利用和安全处置。信息处置方面，我们根据信息所有权的不同，对信息资产进行了转移或清除，并对存储介质进行了安全销毁，确保信息安全。通过这些措施，我们不仅确保了服务的平稳退役，还为项目的顺利结束提供了保障。

五、服务持续改进与监督

持续改进与监督是确保项目长期稳定运行的关键环节。在××省××银行自助设备运维服务项目中，我们建立了完善的服务风险管理、服务测量、服务质量管理和服务回顾机制。服务风险管理方面，我们通过定期的风险识别、分析和评估，制定了有效的应对措施，确保项目目标的实现。服务测量方面，我们通过人员、资源、技术和过程的多维度测量，收集了丰富的数据，为服务改进提供了依据。服务质量管理方面，我们通过用户满意度调查、质量内审和管理评审等手段，不断提升服务质量。服务回顾方面，我们定期与客户进行沟通，回顾服务执行情况，及时发现并解决问题。通过这些措施，我们不仅提升了服务质量，还增强了项目的可持续发展能力。

结尾：

项目历经一年后，本运维合同到期，通过我们团队有效的全生命周期保障，该运维服务各项指标均达到了 SLA 要求，有效地提升了该行自助设备完好率，从而为业务发展提供良好支撑，该行领导非常满意，并与我公司签署下一期的运维合同。项目的成功离不开我们科学的服务战略规划、详细的服务设计实现、有效的服务运营提升、平稳的服务退役终止以及持续的改进与监督，特别是服务运营期间重点关注了业务关系管理、服务营销度量、服务成本度量和服务外包收益等。通过该项目，我们深刻认识到，信息系统服务管理的全生命周期管理对于项目的成功至关重要。在未来，我们将继续优化服务管理流程，提升服务质量，为更多客户提供优质的信息系统服务。

4.7 规范与过程管理论文实战

4.7.1 论文题目

论 IT 项目的规范与过程管理

标准化管理是一项复杂的系统工程，周而复始地进行体系所要求的"计划、实施与运行、检查与纠正措施和管理评审"活动，实现持续改进的目标。高效的规范与过程管理策略，是确保项目的顺利实施和长期运营的关键。

请以"论 IT 项目的规范与过程管理"为题进行论述。

1. 概要叙述你参加过的或者你所在组织开展过的某信息系统项目的基本情况（背景、目的、项目规模、发起单位、项目内容、项目周期、组织结构、服务对象、服务内容、交付成果等），并说明你在其中承担的工作（项目背景要求本人真实经历，不得抄袭及杜撰）。

2. 请结合你所叙述的信息系统管理项目，围绕以下要点论述你对 IT 项目的规范与过程管理的认识：

（1）请结合自己管理的项目描述如何进行管理标准化。

（2）请根据你所规划的项目，描述流程的生命周期。

3. 请结合你所参与管理过的信息系统项目，论述你是如何进行规范与过程管理的（可叙述具体做法），并总结你的心得体会。

4.7.2 精选范文

摘要：

2023 年 5 月，我作为项目经理主持了××市"智慧交通管理平台"建设项目，项目总投资 1289 万元，周期 12 个月。在项目管理过程中，通过管理标准化与流程优化，有效应对技术复杂性与跨领域协作挑战。在管理标准化方面，制定《项目管理规程》《岗位操作手册》等标准文件。流程管理层面，基于 PDCA 循环构建闭环管理体系，从流程规划开始，持续开展流程执行、流程评价以及流程持续改进活动，采用高效的规范与过程管理，构建出了"三层次架构"+"四类终端"+"八大功能模块"的一体化系统，整合多源数据实现闭环管理。本文以该项目为例，从管理标准化、流程规划、流程执行、流程评价以及流程持续改进几个方面论述了 IT 项目的规范与过程管理。

背景：

在新型城镇化与数字化深度融合的背景下，智慧城市建设成为优化城市治理的核心路径。针对交通管理领域长期存在的数据孤岛、调度低效、服务滞后等问题，××市于 2023 年 5 月启动"智慧交通管理平台"项目，响应国家"交通强国"战略，通过物联网、大数据及人工智能技术重构交通管理体系。我公司凭借技术积累中标，由本人担任项目经理，以强矩阵型组织模式推进实施。项目总投资 1289 万元，建设周期 12 个月，建成覆盖全域的智能交通管理与服务平台。平台以"数据驱动、精准治理"为核心理念，构建"三层次架构"（数据采集层、智能分析层、应用服务层）+"四类终端"（指挥大屏、警务终端、市民 App、车载设备）+"八大功能模块"（路况监测、信号调控、事故预警等）的一体化系统。整合交通流量、车辆轨迹等多源数据，实现数据感知到决策执行的闭环管理，显著提升运行效率与应急能力。技术层面采用基于华为云 CSE 的微服务架构，结合超图 SuperMap API 实现地理信息可视化；通过 TDengine 数据库支撑海量时序数据存储分析，利用华为云 MRS 处理高并发数据。服务集群部署于华为云 CCE 平台，基于统信 UOS 运行，网络层应用 SDN 技术实现流量调度，并配备下一代防火墙与入侵检测系统，保障安全性与连续性。

过渡段：

针对项目中新技术应用复杂、跨领域协作难度高的挑战，团队以管理标准化与流程优化为核心策略，确保项目高效推进。在管理标准化方面，制定《项目管理规程》《岗位操作手册》等标准文件，实现任务执行统一化。流程管理层面，基于 PDCA 循环构建闭环体系：规划阶段，结合"三层次架构+四类终端+八大功能模块"设计目标，制定模块化开发等流程；执行阶段，积极推动流程管理和应用；评价阶段，采用多种方法对流程进行评价并根据评价结果持续改进。本文以该项目为例，从管理标准化、流程规划、执行、评价及持续改进维度，系统论述 IT 项目规范与过程管理。

正文：

一、管理标准化

在××市"智慧交通管理平台"建设项目中，管理标准化作为重复性实践活动的统一规范载体，通过系统性标准体系破解跨领域协作与技术落地的双重挑战。项目团队以标准化对象分类理论为指导，将具体对象（技术规范、操作流程）与总体对象（全生命周期管理体系）协同设计：基于强矩阵型组织模式，编制覆盖需求分析、系统设计等阶段的《项目管理规程》，明确"双确认"联合评审等标准化动作；制定《岗位操作手册》等文件，针对数据工程师、系统架构师等角色设定数据清洗频率、微服务拆分粒度等具体标准；聚焦物联网设备接入等关键技术，形成《设备接入协议规范》等专项标准，规定感知设备数据融合时间戳误差≤10毫秒、LSTM模型预测准确率≥85%等量化指标。同时，通过《跨部门协作 SOP》等总体标准，构建多部门数据共享、5分钟级事故预警推送等协同机制。项目严格遵循标准化管理的系统性、动态性特征，采用 PDCA 循环开展标准迭代，例如在检查阶段通过技术适配风险评估优化数据清洗算法。最终实现开发周期缩减 20%，印证标准化管理在提升效率、降低风险方面的经济性价值。

二、流程管理

项目以 PDCA 循环为框架，构建"规划—执行—评价—改进"闭环流程管理体系，确保复杂任务有序推进。

1. 流程规划

流程规划是项目成功的关键环节。项目团队根据智慧交通系统的目标，制定了详细的工作流程规划，明确了各子系统之间的协同关系和任务分工。例如，在电子收费系统的开发过程中，团队通过流程规划，明确了需求分析、系统设计、编码实现、测试验证和上线部署等阶段的任务和责任人。通过这种分阶段、分任务的流程规划，项目团队能够有效管理项目进度，确保各子系统按时交付并顺利集成。此外，项目团队还通过流程规划，优化了交通大数据分析系统的数据处理流程，提高了数据处理效率和分析结果的准确性。

2. 流程执行

流程执行是确保项目按计划推进的重要环节。项目团队通过建立严格的流程执行机制，确保每个环节的操作符合标准要求。例如，在交通信号控制系统上线过程中，团队通过严格的测试流程，确保系统的功能和性能符合设计要求。同时，项目团队还通过培训和考核，提高员工对流程的理解和执行能力。例如，在交通流量监测系统的运维过程中，团队定期组织员工培训，确保他们熟悉操作流程和故障处理方法。通过这些措施，项目团队不仅提高了流程执行的效率，还减少了因操作失误导致的系统故障。

3. 流程评价

流程评价是项目管理中的重要环节，通过定期的流程评价，项目团队能够及时发现流程中的问题并进行优化。例如，在智慧交通系统建设过程中，项目团队通过定期的流程稽查，发现交通信号控制系统在某些复杂路口的响应速度较慢，影响了交通流畅性。通过深入分析，团队发现是系统算法在处理复杂交通场景时存在优化空间。随后，团队通过调整算法和优化系统架构，显著提高了系统的响应速度。此外，项目团队还通过满意度评估，收集用户对交通大数据分析系统的反馈，发现用户对数据可视化界面的友好性有较高要求。团队根据反馈对界面进行了优化，提高了用户的满意度。

4. 流程持续改进

流程持续改进是项目管理中的重要环节，通过持续改进，项目团队能够不断提升流程的效率和质量。例如，在智慧交通系统建设过程中，项目团队通过定期的流程审计，发现电子收费系统在高峰期的处理能力存在瓶颈。通过深入分析，团队发现是系统架构设计不合理导致的资源分配不均。随后，团队通过优化系统架构，引入云计算技术，提高了系统的处理能力和扩展性。此外，项目团队还通过持续改进，优化了交通流量监测系统的数据采集和分析流程，提高了数据的准确性和实时性。通过这些持续改进措施，项目团队不仅提高了系统的性能，还提升了用户的体验。

结尾：

经过团队的共同努力，××市智慧交通系统建设项目于2024年5月如期顺利交付。项目的成功离不开科学合理的规范与过程管理，特别是项目团队通过科学合理的管理标准化、流程规划、流程执行、流程评价以及流程持续改进等措施。尽管项目取得了预期成效，但在实际推广过程中仍暴露出一个需改进的细节问题：部分警务终端用户因年龄结构偏大，对智能设备的操作适应性不足，导致系统初期使用效率未达最优。针对这一非技术性短板，项目团队迅速采取补救措施：一方面联合市公安局组织"一对一"帮扶培训，由技术骨干驻点指导高频功能操作；另一方面优化终端交互设计，增加语音提示、简化菜单层级等提升使用便捷性。最终在系统上线3个月内，警员操作熟练度达标率从76%提升至98%，保障了管理效能全面释放。未来，随着信息技术的不断发展，企业应持续优化规范与过程管理策略，以适应不断变化的业务需求和技术发展。

4.8 技术与研发管理论文实战

4.8.1 论文题目

论IT服务项目的技术与研发管理

技术研发是为了有效实施信息系统的运行维护服务，建立、提升组织的核心能力，投入专门的人力、财力、环境等资源，研究和开发与系统运维服务有关的各种方法、工具和手段的活动。技术研发管理是组织进行技术创新，提升组织系统服务能力的重要手段。

请以"论 IT 服务项目的技术与研发管理"为题进行论述。

1．概要叙述你参加过的或者你所在组织开展过的某信息系统服务项目的基本情况（背景、目的、项目规模、发起单位、项目内容、项目周期、组织结构、服务对象、服务内容、交付成果等），并说明你在其中承担的工作（项目背景要求本人真实经历，不得抄袭及杜撰）。

2．请结合你所叙述的信息系统服务项目，围绕以下要点论述你对 IT 服务项目的技术与研发管理的认识：

（1）请结合自己管理的项目描述技术研发管理过程。

（2）请根据你所管理的项目，论述知识产权管理流程。

3．请结合你所参与管理过的信息系统项目，论述你是如何进行技术与研发管理的（可叙述具体做法），并总结你的心得体会。

4.8.2 精选范文

摘要：

2023 年 4 月，我作为系统规划与管理师主持了某省政务大数据平台运维项目，该项目合同金额为 1235 万元，服务期限为 1 年。该项目主要是为该省 12 个省级部门、9 个地市的人口、经济、环境等八大主题库提供运维服务，项目重点构建智能化运维管理体系，涵盖数据质量治理、系统高可用保障、安全防护能力提升三大核心模块。为做好本项目运维服务，提升组织的核心能力，我们投入专门的人力、财力等资源进行了技术与研发，在研发过程中，严格遵循技术与研发管理过程，同时加强知识产权管理。在服务团队的共同努力下，项目运维服务很好地满足了 SLA 要求。本文以该项目为例，从技术研发管理，技术研发应用及知识产权管理几方面论述了 IT 服务项目的技术与研发管理。

背景：

在数字化政府建设持续推进的当下，政务大数据平台已成为支撑政府治理能力现代化的核心基础设施。2023 年，某省政务大数据平台完成一期建设并投入常态化运行，该平台整合了全省 12 个省级部门、9 个地市的政务数据资源，涵盖人口、经济、环境等八大主题库，日均处理数据量超 5TB，服务覆盖 2000 余家政府机构及公共服务单位。然而，随着平台业务规模扩展，其运维工作面临严峻挑战，如数据共享时效性不足、数据安全威胁持续升级等。为破解上述难题，该省于 2023 年 4 月对该运维服务项目进行公开招标。我公司成功中标，并由本人担任系统规划与管理师，全面负责运维体系建设。项目合同价 1235 万元，运维期一年。项目重点构建智能化运维管理体系，涵盖数据质量治理（如建立数据血缘追溯机制）、系统高可用保障（实现故障自愈与资源动态扩容）、安全防护能力提升（部署 AI 驱动的主动防御系统三大核心模块）。服务要求包括：7×24 小时实时监控平台运行状态，数据接口故障 1 小时内响应定位，业务关键功能恢复时间不超过 4 小时，每月提交系统健康评估报告及优化方案，并为全省政务部门提供季度性运维培训。通过标准化流程与技术创新双轮驱动，助力政府数字化服务效能全面提升。

过渡段：

政务大数据平台运维项目的复杂性与特殊性对技术研发管理提出了更高要求。在此背景下，团队将技术研发定位为核心突破口，围绕数据质量治理、系统高可用保障、安全防护三大模块，投入专项研发资源攻克关键技术难点。为保障研发成果有效落地，团队严格遵循"规划—实施—监控—应用"的研发管理流程，同步建立知识产权保护机制。本文以该项目为实践载体，从技术研发管理过程、技术研发应用、知识产权的管理三个维度，剖析IT服务项目中技术与研发管理的实施路径与价值创造逻辑。

正文：

一、技术研发管理

技术作为提供系统运维服务的核心能力要素之一，技术研发管理的目的是进行技术创新，提升组织系统服务能力。技术研发管理主要包括研发团队、研发过程等的管理。技术研发管理通过规划、实施、监控、应用四阶段闭环体系，驱动政务大数据平台技术创新与服务能力提升。

规划阶段基于政务数据多源异构（结构化与非结构化数据占比6:4）、高实时性需求，确立"构建高可用数据中台"核心目标。通过技术选型与成本效益、安全方面分析，对比国双科技数据采集平台与Nutch框架性能后选定国双科技数据采集平台（符合信创要求），规划多线程并发采集机制，使日处理能力从1TB提升至3TB，形成立项报告并通过专家评审。

实施阶段，通过精细化计划推进技术落地。将数据存储模块研发拆解为架构设计、性能测试、容灾方案开发等任务，明确各节点责任人及交付标准。团队采用敏捷开发模式，每两周召开迭代会议同步进展。以分布式存储架构选型为例，通过对比华为云GaussDB与Cassandra的性能测试，最终选定华为云GaussDB作为核心存储引擎，并完成数据加密模块开发，确保符合等保三级要求。

监控阶段建立多维度管控机制：建立多维度管控机制保障研发质量。通过研发周报跟踪代码交付进度，每月进行成本审计。在数据清洗算法开发中，监控发现历史数据拟合度不足问题，及时引入迁移学习技术优化模型，使数据治理准确率从82%提升至91%。同时，通过里程碑评审会，调整资源调度算法开发优先级，确保关键模块按期交付。

应用阶段，推动研发成果转化为服务能力。将开发的智能数据血缘追踪工具部署至全省87个政务系统，通过集中培训使200余名运维人员掌握数据溯源技能；自研的动态脱敏引擎上线后，数据服务响应效率提升40%，支撑疫情防控数据安全共享需求。技术应用不仅使平台故障率下降60%，更通过《政务数据治理手册》等标准化文档输出，为组织沉淀核心知识资产。

四阶段闭环管理实现技术研发与业务价值深度融合，为平台高效运行奠定技术基础，形成"研发—应用—优化"的良性循环。

二、技术研发应用

技术研发应用是项目成功的重要保障，具体包括知识转移、应急响应预案的制定与演练、SOP标准操作规范、技术手册发布、搭建测试环境等。通过将研发成果深度融入运维场景，团队构建了覆盖全生命周期的技术应用体系。知识转移方面，通过季度集中培训、技术沙龙及《政务数据血缘操作指南》手册发布，累计培养 200 余名具备数据溯源能力的政务人员，实现技术能力下沉。在应急响应层面，基于故障自愈技术研发成果，设计 18 类典型故障场景的处置预案，开展月度红蓝对抗演练，使核心业务平均恢复时间从 4.2 小时压缩至 2.5 小时。同时，围绕 AI 防御系统研发模块，制定涵盖威胁识别、攻击拦截、日志审计的标准化 SOP 流程，配套可视化操作界面，确保全省 87 个节点安全策略同步更新效率提升 60%。技术手册发布与工具部署同步实施，形成"工具+文档+培训"三位一体的技术扩散模式。通过研发成果的场景化落地与持续优化，技术价值最终转化为服务效能的全面提升。

三、知识产权管理

在政务大数据平台运维项目中，知识产权管理围绕"创造—保护—转化—增值"构建全生命周期管理体系，贯穿技术研发与运维服务全流程。

知识产权获取阶段，团队以专利导航为核心策略，在开发智能数据血缘追踪工具、动态脱敏引擎等关键技术前，系统检索全球专利数据库，识别技术空白点与侵权风险，完成 3 项发明专利布局及 2 项软件著作权登记。针对数据清洗算法等商业秘密，通过密级划分与访问权限控制，建立核心代码流转存证机制，确保技术成果权属清晰可追溯。

知识产权维护层面，建立分级管理档案，对已授权专利实施动态监测，结合运维场景定期评估技术价值，及时终止 2 项应用率低的专利续费，节省管理成本 15%。同步完善技术文档管理体系，对 AI 防御模型设计图等关键资料实施物理隔离与数字水印双重防护，确保核心知识资产安全。

知识产权运用环节，通过标准化授权协议将自研工具部署至全省 87 个政务节点，制定阶梯式收费策略实现技术服务收益转化；在对外合作中嵌入专利交叉许可条款，与 5 家技术供应商达成知识产权共享协议，降低数据接口开发侵权风险。

知识产权保护体系构建上，建立"预防—监测—处置"三级防护机制：研发阶段引入开源代码合规审查工具，阻断第三方组件侵权隐患；运维过程中部署知识产权监控平台，实时扫描 2000 余家单位的数据调用行为，识别异常访问模式；对疑似侵权事件快速响应挽回损失。

合规管理方面，将知识产权条款嵌入运维 SOP，制定 12 项制度并开展全员培训，确保操作符合等保要求。通过量化技术成果对故障率下降 60%的贡献，形成"创新—转化—反哺"闭环，为政务数字化筑牢法律与技术双重防线。

结尾：

项目历经两年后，通过我们团队共同努力，该省政务信息化平台运维服务各项指标均达到了 SLA 要求，领导非常满意，与我公司签署下一期的运维合同。项目成功得益于科学合理的技术研发管理，特别是技术研发过程的规范管理和知识产权的应用，成功提升了项目的执行效率和质量，为项目的顺利实施和长期运营奠定了坚实基础。未来，随着信息技术的不断发展，政府应持续优化技术与研发管理策略，以适应不断变化的业务需求和技术发展，进一步提升政府治理能力和公共服务水平。

4.9 资源与工具管理论文实战

4.9.1 论文题目

论 IT 项目的资源与工具管理

随着 IT 资源规模不断增加、业务复杂度的不断深入，IT 管理只通过人工手段已不能满足业务的需求，因此需要借助自动化的工具和手段来提高自己工作的有效性和效率。IT 运维资源是为了保证 IT 运维的正常交付所依存和产生的有形及无形资产，是"保障做事"前提。

请以"论 IT 项目的资源与工具管理"为题进行论述。

1. 概要叙述你参加过的或者你所在组织开展过的某信息系统服务项目的基本情况（背景、目的、项目规模、发起单位、项目内容、项目周期、组织结构、服务对象、服务内容、交付成果等），并说明你在其中承担的工作（项目背景要求本人真实经历，不得抄袭及杜撰）。

2. 请结合你所叙述的信息系统服务项目，围绕以下要点论述你对 IT 项目的资源与工具管理的认识：

（1）请结合自己管理的项目描述 IT 项目的工具包括哪几类。

（2）请根据你所管理的项目，论述 IT 运维资源管理的内容。

3. 请结合你所参与管理过的信息系统项目，论述你是如何进行 IT 项目的资源与工具管理的（可叙述具体做法），并总结你的心得体会。

4.9.2 精选范文

摘要：

2023 年 6 月，我作为系统规划与管理师主持了某省政务信息化平台运维项目，该项目合同金额 748 万元，服务期限 1 年。该项目主要是为该省 15 个部门及 11 个地市政务系统提供运维服务，重点打造"三位一体"智能运维体系，以实现 7×24 小时智能监控全域节点，数据接口异常 15 分钟预警，关键业务中断不超 2 小时等。为做好本项目运维服务，提高团队工作的有效性和效率，我们把 IT 项目的工具分为了研发与测试、运维管理及项目管理工具三大类，同时从监控类工具、服务台、知识管理、备件库等几方面加强资源管控。在服务团队的共同努力下，项目运维服务很好地满足了 SLA 要求。本文以该项目为例，从资源与工具管理两个维度，论述了 IT 项目的资源与工具管理。

背景：

在数字化政府建设持续推进的背景下，政务信息化平台作为提升治理效能的核心载体，其运维能力已成为保障政府服务持续优化的关键。2023 年，某省政务信息化平台完成首期建设并全面投入运行，该平台覆盖全省 15 个省级部门及 11 个地市政务系统，集成数据采集、存储、分析及可视化四大核心模块，日均处理政务数据超 8TB，支撑全省 3000 余个政府部门与公共服务机构的业务协同。然而，随着平台业务规模指数级增长，系统运维面临多重挑战：跨部门数据共享响应延迟，核心业务系统年故障率较高，数据安全事件时有发生。为破解运维瓶颈，该省于2023年6月启动专项运维服务项目，通过竞争性磋商引入专业服务商。

我公司依托在省级政务云平台运维领域的技术积淀，成功中标该748万元级项目，本人作为系统规划与管理师主导运维体系建设。项目周期一年，重点打造"三位一体"智能运维体系：数据治理层构建全链路血缘图谱，实现数据质量问题30分钟内溯源；系统架构层部署容器化弹性伸缩模块，核心业务可用性提升至99.99%；安全防护层引入联邦学习驱动的威胁检测系统，将安全事件平均响应时间压缩至15分钟。服务标准严格设定为：7×24小时智能监控全域节点，数据接口异常15分钟预警，关键业务中断2小时内恢复，每月输出含12项KPI指标的深度健康报告，每季度组织覆盖200+单位的标准化运维培训。通过建立ISO 20000/ITIL双体系融合的运维流程，该项目致力于打造政务系统全生命周期管理的省级标杆，为数字政府建设提供可持续的运营支撑。

过渡段：

政务信息化平台运维项目具有复杂性与特殊性，在此背景下，为提高团队工作的有效性和效率，确保为客户提供正常的运维服务，科学合理地进行资源与工具管理是关键。为此，我们把IT项目的工具分为了研发与测试工具、运维管理工具及项目管理工具三大类，同时针对IT运维项目资源，从监控类工具、服务台、知识管理、备件库和新型运维工具几方面加强管控。本文以该项目为实践载体，从资源与工具管理两个维度，论述了IT项目的资源与工具管理。

正文：

一、工具应用及管理

在政务信息化平台运维项目服务过程中，涉及的工具包括研发与测试工具、运维工具及项目管理工具三大类。

1. 研发与测试工具

在政务信息化平台运维项目中，研发与测试管理是确保项目高质量服务的关键环节。项目团队通过引入先进的研发管理工具和测试管理工具，显著提升了研发效率和测试质量。例如，在软件开发过程中，团队采用了Eclipse集成开发环境，其强大的代码编辑、调试和版本控制功能，极大地提高了开发人员的工作效率。同时，项目团队还引入了Git作为分布式版本控制工具，确保了代码的版本管理和团队协作的高效性。在测试环节，团队使用了UFT（Unified Functional Testing）进行功能测试，通过图形化界面和脚本语言，实现了对Web、Java等多平台的自动化测试，显著提高了测试覆盖率和测试效率。此外，项目团队还通过LoadRunner进行性能测试，确保系统在高并发场景下的稳定性和可靠性。通过这些工具的应用，项目团队不仅提高了研发和测试的效率，还降低了项目风险，确保了项目服务的高质量交付。

2. 运维工具

运维管理是确保政务信息化平台长期稳定运行的重要保障。项目团队通过引入先进的监控工具和运维管理平台，实现了对平台的实时监控和高效运维。例如，团队采用了Zabbix作为IT基础设施监控工具，通过其基于Web的界面，实现了对服务器、网络设备和应用程序的全面监控。同时，项目团队还引入了 Prometheus 作为性能监控工具，通过其拉模型架构，实现了对系统性能指标的实时采集和分析。此外，项目团队还通过 ServiceHot ITSM 系统实现了运维过程的标准化和自动化管理，确保了运维工作的高效性和规范性。通过这些工具的应用，项目团队不仅提高了运维效率，还降低了运维成本，确保了政务信息化平台的长期稳定运行。

3. 项目管理工具

项目管理工具的应用是确保政务信息化平台运维项目顺利推进的重要手段。因为在该项目中，也涉及部分软件的开发。项目团队通过引入 Jira 和 PingCode 等项目管理工具，实现了对项目开发工作的全生命周期管理。例如，Jira 作为全球领先的项目管理工具，支持敏捷开发、瀑布模型等多种项目管理方法，通过其强大的任务管理、资源管理和进度管理功能，项目团队能够实时掌握开发工作进展，及时调整开发计划，确保开发的软件按期交付。同时，项目团队还通过 PingCode 实现了敏捷开发和文档协作，通过其内置的 Scrum 和 Kanban 流程，团队能够高效地进行需求管理、任务分配和进度跟踪。此外，项目团队还通过 Microsoft Project 实现了项目计划和资源管理，通过其多种视图和报告功能，项目团队能够直观地了解项目整体情况，及时发现和解决问题。通过这些项目管理工具的应用，项目团队不仅提高了项目管理效率，还降低了项目风险，确保了项目的顺利实施。

二、运维资源管理

在省级政务信息化平台智能运维体系建设中，资源管理通过工具链协同、知识资产沉淀、备件智能调度及服务台效能优化构建闭环管理体系。

工具管理通过自动化专用工具实现跨部门协同与规模化运维。基于 Ansible 与 Jenkins 构建自动化工具链，实现 11 个地市容器集群的秒级弹性伸缩部署，日均处理 8TB 数据的采集模块通过持续集成流水线完成灰度发布，联邦学习威胁检测系统依托 Chef 的 DSL 脚本自动生成安全策略模板，结合 SaltStack 的 MQ 消息机制实现 15 分钟安全事件闭环处置，使核心业务系统年故障率从 5.6% 降至 0.12%。

备件管理打造云地协同智能体系，华为云 Stack 虚拟化资源池作为数字备件库实现 $N+2$ 冗余，计算节点分钟级自动重建；500 类实体备件通过 RFID 智能柜实施全生命周期管理，结合 SaltStack 脚本与 GIS 定位实现故障终端 2.5 小时极速更换。备件维保服务与 ServiceDesk Plus 变更日历深度集成，规避计划性维护风险，Jenkins 自动化巡检任务实时更新设备健康画像，备件损耗率降低 42%。

知识库管理以 Confluence 为核心构建 213 类结构化知识资产，集成 PingCode Wiki 自动化权限体系实现跨部门数据共享异常的智能诊断。通过 ServiceHot 引擎实现工单与 45 套调优模板的智能推送，ChatOps 机器人自动生成根因分析报告，联邦学习安全事件处置经验转化为攻防演练课程，支撑季度 200+ 单位标准化培训，初级工程师故障解决率提升至 67%。

服务台管理依托云智慧智能中枢集成 AI 语音交互与全文检索，75% 咨询请求由 ChatBot 自动处理。数据接口异常触发 Ansible 自动校验并生成 Confluence 故障案例，重大安全事件通过 SaltStack 秒级采集网络数据驱动 Chef 优化传输策略，联动 ServiceDesk Plus 实现处置流程可视化，使安全事件响应时间缩短至 12 分钟，业务中断恢复达标率达 99.8%，全面支撑全省 3000 余机构协同需求。

四维联动的资源管理模式形成政务系统全生命周期管理闭环,年度综合运维效能提升 4.7 倍。

结尾:

项目历经一年后,通过我们团队共同努力,该省政务信息化平台运维服务各项指标均达到了 SLA 要求,领导非常满意,与我公司签署下一期的运维合同。通过政务信息化平台建设项目,我们可以看到 IT 项目中资源与工具管理的重要性。项目团队通过科学合理的研发与测试管理、运维管理以及项目管理工具的应用,成功提升了项目的执行效率和质量,为项目的顺利实施和长期运营奠定了坚实基础。未来,随着信息技术的不断发展,政府应持续优化资源与工具管理策略,以适应不断变化的业务需求和技术发展,进一步提升政府治理能力和公共服务水平。

4.10 信息系统项目管理论文实战

4.10.1 论文题目

论信息系统项目管理

项目管理就是将知识、技能、工具与技术应用于项目活动,以满足项目的要求。项目管理通过合理地应用并整合特定的项目管理过程,使组织能够有效并高效地开展项目。

请以"论信息系统项目管理"为题进行论述。

1. 概要叙述你参与管理过的信息系统项目(项目的背景、项目规模、发起单位、目的、项目内容、组织结构、项目周期、交付的成果等),并说明你在其中承担的工作(项目背景要求本人真实经历,不得抄袭及杜撰)。

2. 请结合你所叙述的信息系统项目,围绕以下要点论述你对信息系统项目管理的认识:

(1)请结合自己管理的项目描述项目的基本要素。

(2)请根据你所管理的项目,论述项目经理在信息系统项目中扮演的角色。

3. 请结合你所参与管理过的信息系统项目,论述你是如何进行信息系统项目管理的(可叙述具体做法),并总结你的心得体会。

4.10.2 精选范文

摘要:

2023 年 6 月,我作为项目经理主持了某省交通运输厅"智能交通大数据平台"试点建设项目,该项目合同价 980 万元,工期 10 个月。平台包含六大核心模块:多源数据集成中枢、AI 决策分析引擎、物联网设备管理平台、智能信号优化系统、可视化运维中心及跨市州协同调度接口。旨在实现省级高速公路三维可视化管控。在项目实施中,我以项目基本要素为抓手,综合运用项目管理经理技能,以价值驱动的管理知识体系为指导,在项目团队的共同努力下,最终于 2024 年 5 月顺利交付。本文以该项目为例,从项目的基本要素、项目经理在项目管理中的角色及价值驱动的项目管理知识体系三方面论述了信息系统项目的管理。

背景：

为推进区域交通数字化转型，某省交通运输厅于 2023 年 6 月启动智能交通平台试点建设。我公司作为省级信创重点企业中标，合同金额 980 万元，建设工期一年。项目严格遵循自主可控原则，组建信创专项工作组，项目联合 5 家国产化厂商，构建多源数据集成中枢、AI 决策分析引擎、物联网设备管理平台、智能信号优化系统、可视化运维中心及跨市州协同调度接口六大核心模块。系统采用信创微服务架构，基于工信部名录产品 ServiceComb 框架实现服务治理，开发环境适配 OpenEuler+KylinV10 双国产操作系统，数据处理层选用信创白名单数据库 TDengine+openGauss 分布式组件，实时数据流通过国产化 MetaQ 消息中间件传输，采用达梦数据库+GoldenDB 分布式缓存实现每秒百万级高并发。平台深度适配统信 UOS、麒麟 OS 等国产终端，通过国密 SM2/SM9 算法实现端到端加密，依托华为云 Stack+浪潮云海 OS 完成全栈信创化部署，基于 iSula+优刻得 UK8S 构建自主可控容器云。核心算法层采用工信部备案的 MindSpore 交通预测模型，通过可解释 AI 实现拥堵预测准确率 92%，并基于超图 SuperMap 引擎开发全国路网三维数字孪生系统。建成后将覆盖省内 8 个重点城市，日均处理 20TB 交通数据，预计提升试点区域通行效率 25%以上。

过渡段：

在"智能交通大数据平台"项目建设中，面对跨市州协同复杂、技术集成度高的挑战，本人作为项目经理深刻认识到科学项目管理体系的重要性。在实施过程中，我以项目基本要素为抓手，明确了项目成功标准，运用 WBS 将 PB 级数据处理需求分解为 487 个独特的可交付物，通过迭代开发实现微服务组件渐进明细。特别针对 AI 模型训练等不确定性任务，采用看板管理实现冲刺周期可视化，最终实现了项目价值的交付。本文以该项目为例，从项目的基本要素、项目经理在项目管理中的角色及价值驱动的项目管理知识体系三方面论述了信息系统项目管理。

正文：

一、项目的基本要素

项目是为创造独特的产品、服务或成果而进行的临时性工作。项目的临时性并不一定意味着项目的持续时间短，而是指项目有明确的起点和终点。项目的成功依赖于对基本要素的精准把握。以"智能交通大数据平台"项目为例，项目的基本要素包括明确的项目目标、可交付成果和项目范围等，项目目标是构建一个高效、智能的交通管理系统，支持实时交通数据采集、分析和决策支持。可交付成果是指在某一过程、阶段或项目完成时，形成的独特并可验证的产品、成果或服务。可交付成果可能是有形的，也可能是无形的。实现项目目标可能会产生一个或多个可交付成果。在本项目中，可交付成果包括硬件设施（如传感器网络、数据中心）、软件系统（如数据分析平台、用户界面）以及相关的技术文档。项目范围则涵盖了从基础设施建设到系统集成的全过程的工作。例如，在硬件部署阶段，项目团队需要明确传感器的性能指标、数据传输速率以及数据中心的存储容量等具体要求，以确保平台能够满足未来交通管理的需求。同时，项目团队还需与供应商紧密合作，确保设备按时交付并符合质量标准。这些基本要素的管理贯穿项目始终，是项目成功的基础。

在项目的实施过程中，我们充分意识到项目管理的重要性，项目管理不善或缺失可能导致：项目超过时限、项目成本超支、项目质量低、返工等问题，因此，我们项目团队重点关注项目的进度、成本和质量等成功的最重要因素。进度管理确保项目按时完成，成本管理确保项目在预算范围内进行，质量管理确保项目的最终成果符合预期的标准和要求。例如，在"智能交通大数据平台"项目中，项目团队通过制订详细的项目进度计划，明确每个阶段的关键里程碑和时间节点，确保项目按计划推进。同时，项目团队还通过成本控制措施，如定期审查项目支出，优化资源配置，确保项目在预算范围内进行。此外，项目团队还通过严格的质量管理流程，如定期进行质量检查和测试，确保项目的最终成果符合预期的标准和要求。

二、项目经理在信息系统项目中扮演的角色

项目经理在信息系统项目中扮演着核心角色，在领导项目团队达成项目目标方面发挥着至关重要的作用。项目经理需要重点关注三个方面的关键技能，包括项目管理、战略和商务，以及领导力方面。为了最有效地开展工作，项目经理需要平衡这三种技能。

以"智能交通大数据平台"项目为例，项目经理不仅需要具备深厚的技术背景，还需具备卓越的领导力和协调能力。项目经理负责制订项目计划，协调各方资源，并确保项目按计划推进。例如，在项目启动阶段，我组织跨部门会议，明确各部门的职责和任务，确保项目团队对项目目标达成共识。在项目执行过程中，我通过定期的项目进度会议，监控项目进展，及时发现并解决问题。此外，我还与外部供应商、科研机构和政府部门保持密切沟通，协调资源分配，确保项目顺利进行。例如，当项目面临技术难题时，我能够迅速组织专家团队进行技术攻关，并调整项目计划以应对潜在风险。

在项目的不同阶段，项目经理还需要扮演不同的角色。在项目启动阶段，我需要扮演规划者和组织者的角色，制订项目计划，明确项目目标和范围，组织项目团队，分配任务和资源。在项目执行阶段，我需要扮演协调者和监督者的角色，协调各方资源，监督项目进展，确保项目按计划推进。在项目收尾阶段，我需要扮演总结者和评估者的角色，总结项目经验，评估项目成果，确保项目的最终成果符合预期的标准和要求。

三、价值驱动的项目管理知识体系

价值驱动的项目管理知识体系为信息系统项目的管理提供了理论框架。涵盖项目管理十二大原则、项目生命周期和项目阶段、项目管理五大过程组和十大知识域、八大绩效域和价值交付系统。

在"智能交通大数据平台"项目实施中，项目团队严格遵循价值驱动型项目管理体系框架。依据项目管理十二大原则，将项目生命周期划分为启动、规划、执行、监控、收尾五大标准化过程组，系统应用整合、范围、进度等十大知识域管理方法，并聚焦干系人、团队、开发方法与生命周期等八大绩效域进行全过程管控。例如，在规划过程组，团队通过需求管理知识域构建 WBS 工作分解结构，采用基于 Scrum 的敏捷开发方法（开发方法与生命周期绩效域），建立包含吞吐量、迭代完成率等指标的度量体系（测量绩效域）。在执行过程组，运用价值交付系统原理，通过价值流图（项目工作绩效域）识别出网络带宽利用率不足（不确定性绩效域），随即启动变更控制流程（整合管理知识域），优化资源配置方案（资源管理知识域）。监控过程组中，基于 EVM 挣值分析法（测量绩效域）动态跟踪交付物进展，通过风险再评估（风险管理知识域）及时调整传输协议优化方案。这种结构化管控模式实现了成本偏差率控制在 ±3% 以内，需求变更响应周期缩短 40%，有效保障了价值交付系统的高效运转。

结尾：

经过团队共同努力，项目如期完成并于 2024 年 5 月成功通过了相关部门的考核验收，专家组充分肯定了"智能交通大数据平台"建设及推广使用。项目的成功，离不开项目团队通过精准把握项目要素、发挥项目经理的领导力以及贯彻价值驱动的管理原则，成功实现了项目的交付和价值创造。未来，随着信息技术的不断发展，信息系统项目管理将在更多领域发挥重要作用，为国家的数字化转型和科技创新提供有力支持。